小林国雄

教你
制作

盆景

〔日〕小林国雄 著

时雨 译

 海峡出版发行集团
THE STRAITS PUBLISHING & DISTRIBUTING GROUP
福建科学技术出版社
FUJIAN SCIENCE & TECHNOLOGY PUBLISHING HOUSE

著作权合同登记号：图字：13-2020-064 号

Original Japanese title: KOBAYASHI KUNIO NO ICHI KARA OSHIERU BONSAI
Copyright © 2020 Kunio Kobayashi
Original Japanese edition published by Seito-sha Co., Ltd.
Simplified Chinese translation rights arranged with Seito-sha Co., Ltd.
through The English Agency (Japan) Ltd. and Shanghai To-Asia Culture Co., Ltd.

本书经上海途亚文化传播有限公司代理，由西东社株式会社授予福建科学技术出版社有限责任公司独家发行，非经书面同意，不得以任何形式、任何重制转载。本著作限于中国大陆地区发行。

摄影协助　春花园 BONSAI 美术馆
素材提供　春花园 BONSAI 美术馆、株式会社美术年鉴社、株式会社栃之叶书房、
　　　　　株式会社 PIE International、龟田龙吉、神康文、山田登美男、
　　　　　ARSPHOTO 企划、株式会社帆风社、根岸产业有限公司、
　　　　　白鸟写真馆、PIXTA
摄　　影　龟田龙吉
插　　图　植本 勇
设　　计　OKAPPA DESIGN
写作助理　栗栖美树
编辑协助　株式会社 AMANA、株式会社春灯社（关口雅之、山内菜穗子）

图书在版编目（CIP）数据

小林国雄教你制作盆景 /（日）小林国雄著；时雨译. —福州：福建科学技术出版社，2021.9（2024.12重印）
ISBN 978-7-5335-6461-2

Ⅰ.①小… Ⅱ.①小…②时… Ⅲ.①盆景 - 观赏园艺 Ⅳ.① S688.1

中国版本图书馆CIP数据核字（2021）第081765号

书　　名　小林国雄教你制作盆景
著　　者　小林国雄
译　　者　时雨
出版发行　福建科学技术出版社
社　　址　福州市东水路76号（邮编350001）
网　　址　www.fjstp.com
经　　销　福建新华发行（集团）有限责任公司
印　　刷　福州德安彩色印刷有限公司
开　　本　787毫米×1092毫米　1/16
印　　张　14
图　　文　224码
版　　次　2021年9月第1版
印　　次　2024年12月第5次印刷
书　　号　ISBN 978-7-5335-6461-2
定　　价　88.00元
　　　　　书中如有印装质量问题，可直接向本社调换

中日两国一衣带水，文化交流源远流长，我国传统文化作为日本文化之母胎，对日本文化的形成与发展做出了巨大贡献，产生了深远影响。到了近现代，日本对中国文化也产生了深远影响。我们今天频繁使用的一些词汇，大到"自由""民主""平等"，小到"卡拉OK""人气""达人"等都是来自日本；日本创造的产品和文化，更是深入中国社会的每个阶层和角落。

中国盆景、日本盆栽（其意相当于中国盆景中的树木盆景）作为东方文化、艺术的分支之一，也与中日文化的交流一样，自遣唐使从长安带入日本后的1000余年来处于相互的交流和影响之中。富有生机（自然美）、画意（艺术美）、诗情（思想美）的中国盆景，与具有简素美、年代感、恬静清寂、幽玄特色的日本盆栽已经获得了国际上的公认，逐渐被世界盆景文化圈所接受，盆景、盆栽将进一步国际化。

小林国雄先生德艺双馨，是日本盆景界代表性艺术家，多次荣获日本国家级盆景大奖，其位于东京江户川区的春花园盆景美术馆精品甚多，在日本及其国外享有盛誉，多次被海内外电视台、报刊报道。他曾先后去过30余个国家100余次，进行作品制作示范表演和报告，致力于盆景的推广普及。此外，为了盆景事业后继有人，他曾招收培养海内外弟子100余人，不少已经成为各国盆景界骨干人才。同时，小林国雄先生在我国盆景界也颇具影响，为我国盆景事业的发展做出了贡献。

《小林国雄教你制作盆景》一书凝聚小林国雄先生40余年来的制作技艺和经验精华，首先介绍盆景的定义、特征、种类、基本树形以及作者代表性作品，其次介绍盆景的购买、造型工具、用土、盆钵、造型技术、养护管理以及摆饰方法，最后分别讲解了松柏类盆景、杂木类盆景、观花类盆景、观果类盆景的制作与改作技术。

序
一

全书图文并茂，深入浅出，易于理解，实为一本盆景工作者，特别是盆景初学者的技术指南书。

我期待本书的出版，在促进我国盆景技艺发展与盆景年轻人才培养方面发挥作用的同时，也能够在加深中日文化理解、加强民间人士相互交流方面起到一定的推进作用。

清华大学教授、博士生导师

小林国雄先生和我年纪相仿，他略长一些，是为兄。2011年元月，我因慕名前往东京参访小林国雄的春花园盆景美术馆而与其结缘。尽管语言不通，我们却因为共同的爱好而一见如故。我们围绕盆景，仅用简单的肢体语言和欣喜的眼神，便交流了整整一个下午。

中国人所称的"盆景"，日本人称为"盆栽"。1000多年前发端于中国，约800年前传到日本。日本从我国南宋时期的盆景艺术中吸取了养分，逐渐与本国的风土人情相结合，演变成如今独具特色的日本盆栽艺术。盆栽艺术本就是以小见大、浓缩大自然之美之韵，刚好与日本的国土特点相契合。日本艺术倾向于对自然美的压缩和凝聚，通过线条和空白展示余韵，使人在闲寂与静谧中想象无形的事物，从而渗入了禅宗的文化，也融入了哲学的意境。

因此，在日本从事盆栽创作的人被称为"盆栽作家"。小林国雄先生就是日本盆栽作家、盆栽大师中的杰出代表和领军人物之一，而且是享誉世界的盆栽艺术大师。小林国雄先生1948年4月2日出生于东京。他从事盆栽艺术40余年，以其"化腐朽为神奇"的过人功力，而有"鬼才"之称。曾经荣获日本盆栽业界的最高奖"国风奖""内阁总理大臣奖"等许多奖项，历任日本盆栽作家协会常任理事、日本水石协会理事长等。但是，他始终淡泊名利，几十年来，心无旁骛，每天沉醉于盆栽艺术的创作，简直到了如痴如醉的忘我境界。他认为，创作和赏玩盆景，并不应当仅仅沉醉于外在的造型之美，而要透过表面外形去感受本质和精神。他的私家盆景园春花园盆景美术馆是日本盆景爱好者心中如圣地一样的地方，是日本最好的盆景园。他不知疲倦地往返于中国和日本之间，推动两国盆景艺术的交流，从中国悠久的园林和盆景艺术中吸取养分。小林国雄先生始终认为，日本的盆栽艺术是从中国盆景艺术发展而来的，而且"万变不离其宗"，"无论日本的盆栽艺术怎样发展，始终不能离开发源的土壤"。

　　小林国雄先生在盆景艺术上的非凡成就和高深造诣，吸引了来自中国、日本等多个国家的学生。在勤奋创作盆景的同时，小林国雄先生也笔耕不辍，把他毕生的心得和辉煌成就编成《小林国雄教你制作盆景》等。他的著作，以通俗的语言，讲述盆景的发展与制作技艺，深入浅出，图文并茂，通俗易懂。全书把盆景的种类和不同的技艺，制作的要点，甚至作业季节、时间、周期等分门别类，罗列详尽，还以列表的形式，对应每种植物，读者只要按图索骥就可以一目了然。他将毕生经验毫无保留地传授给盆景爱好者，真正做到了诲人不倦。

　　现在，这本书的中文版要出版了，这是一件令人高兴的事情，也是中日两国盆景艺术交流中的一件盛事。我十分高兴地向读者诸君推荐这本关于盆景艺术的著作。这本书无论对于一般盆景爱好者或者专业人员都是很有裨益的，有助于我国进一步普及盆景艺术，提高我国园艺工作者和盆景专业及业余爱好者的盆景艺术欣赏、制作水平。我衷心祝贺小林国雄先生《小林国雄教你制作盆景》一书在中国出版，也衷心祝愿小林国雄先生在盆景艺术领域不断创新，继续引领盆景艺术的发展，为盆景艺术美化人民生活做出更大的贡献。

中国风景园林学会花卉盆景赏石分会常务副理事长
郭新华

约1300年前，中国唐朝太子李贤墓中的壁画中就有关于盆景的描绘。盆景文化一直在中国传承并发展至今。在有着如此悠久历史的国家出版这本盆景书，是我莫大的荣幸。

我希望通过此书，能有更多读者朋友与盆景结缘。同时，感受到盆景带给人们的美好感觉。

浇水、施肥、除虫……

1年、3年、10年……

盆景生长缓慢，但你一定能感觉到它的变化。

我从1980年开始盆景制作，至今已有40余年。本书将展示一些老作品在不同年代的模样，或盆景制作前后的对比。我希望通过这样直观的方法，让更多读者朋友们了解盆景的制作之道。

现代社会飞速变化，我们无法预测未来会发生什么，但可以肯定的是，无论是人，还是盆景，每天都在点滴地成长。

无论欢笑还是悲伤，盆景总是不离不弃地陪伴着你。从本书开始，走入大自然的殿堂吧！

最后，对出版及阅读本书的中国朋友们，致以我崇高的敬意。

序

盆景与园艺有哪些不同呢？盆景与园艺一样，都是在花盆里栽种植物，然后进行观赏。但园艺是对花、叶、果实乃至种子之类植物本体美的一种欣赏，而盆景是以植物内在巨大精神为载体，小中见大，从而升华为对生命的崇敬。

要让盆栽植物升华成为艺术作品，盆景制作者必须具有较高的审美素养与丰富的情感。我在即将进入古稀之年之际，方领悟出一些盆景的内涵。在花卉园艺家庭长大的我，为了继承家业，从东京都立农产高等学校园艺科毕业后，在父亲的指导下学习了5年左右的园艺。在参加第七次日本盆景作风展的时候，邂逅最高奖"内阁总理大臣奖"获奖作品——五叶松作品《奥之巨松》。这一作品深深地震撼了我的心灵，并在冥冥中一直引领我在盆景的道路上一路坚定地走下去。

人与人之间的情感会有背叛，而植物却是那样的单纯，栽培者的点滴给予都会获得回报。栽培植物所必需的不仅有水、阳光和温度，还有人类的爱。缺乏爱，植物就无法如愿成长。学习盆景艰难且漫长，但可以让人收获良多：可以感悟到生命的力量，可以体验生死的严酷。除此之外，四季往复的美可治愈心灵；登上高山，采集那些在艰苦的自然环境中生长了数百年的素材，不由心生对生命的崇敬。

近年来，盆景在全世界范围内聚集了极高的人气。盆景原先只是一种"老人的兴趣"，但现在已经发展为一种盆景（日语发音：BONSAI）文化，在全世界受到许多爱好者的青睐。我致力于复兴日本的盆景文化，并希望年轻人能体会到盆景的内在精神。因此，我在此书中介绍诸多名品盆景的鉴赏与盆景素材的改造。制作一件作品，总是抱着极大的憧憬，经历漫长的等待，最后收获作品完成时的那份喜悦。这种喜悦，是其他兴趣爱好体验不到的，是盆景独有的一种魅力。与本书邂逅的读者朋友们若能与盆景结缘，这就是我莫大的喜悦。最后，请允许我对养育我成长的这方水土，以及在艰难时期也一直支持着我的所有人表示衷心的感谢。

盆景匠人　小林国雄

目 录 Contents

了解盆景 —————— 1

盆景的定义————— 2
◆ 与园艺不同 ——— 2

盆景基础知识————— 3
◆ 盆景各部分 ——— 3
◆ 正面与背面 ——— 4
◆ 塑造树势 ——— 4
◆ 盆器的选择 ——— 5
◆ 空间感的打造 ——— 5

盆景的种类————— 6
◆ 松柏盆景 ——— 6
◆ 杂木盆景 ——— 7
◆ 观花盆景 ——— 8
◆ 观果盆景 ——— 9
◆ 山野草 ——— 10

盆景的基本树形——— 11
◆ 模样木 ——— 11
◆ 直干式 ——— 12
◆ 斜干式 ——— 12

◆ 多干式 ——— 13
◆ 一本多干式 ——— 13
◆ 悬崖式 ——— 14
◆ 风吹式 ——— 15
◆ 文人木 ——— 15
◆ 露根式 ——— 16
◆ 附石式 ——— 16
◆ 神枝 ——— 17
◆ 腐干式 ——— 17

小林国雄作品欣赏—— 18

盆景制作基础 — 23

盆景素材选购 — 24
◆ 树苗种类 ——— 24
◆ 树苗的筛选 ——— 25

制作盆景的工具——— 26

盆景专用种植土——— 28
◆ 种植土种类 ——— 29

◆ 种植土配方 —————— 29

盆景盆器————— 30
◆ 盆器种类 —————— 30
◆ 盆器各部分名称 ————— 30
◆ 盆器深度 —————— 31
◆ 盆器形状 —————— 31

盆景制作基本方法—— 32
◆ 修剪 —————— 32
◆ 修剪·忌枝 —————— 34
◆ 蟠扎 —————— 36
◆ 移栽与换盆 —————— 38

盆景日常管理————— 40
◆ 摆放位置 —————— 40
◆ 浇水 —————— 41
◆ 施肥 —————— 42
◆ 病虫害症状及防治 —— 44
◆ 盆景管理月历 ————— 46

盆景摆饰————— 48

松柏盆景———— 51
松柏盆景制作与养护— 52

◆ 黑松 —————— 56
◆ 五针松 —————— 62
◆ 赤松 —————— 66
◆ 日本紫杉 —————— 70
◆ 杜松 —————— 74
◆ 桧树 —————— 78
◆ 杉树 —————— 82
◆ 真柏 —————— 86

杂木盆景———— 91
杂木盆景制作与养护— 92

◆ 榉树 —————— 94
◆ 鸡爪槭 —————— 98
◆ 缩缅葛 —————— 102
◆ 络石 —————— 106
◆ 豆腐柴 —————— 110
◆ 梣树 —————— 114
◆ 南天竹 —————— 118

观花盆景———— 121
观花盆景制作与养护— 122

◆ 皋月杜鹃 —————— 124
◆ 栀子花 —————— 132
◆ 梅树 —————— 136

◆ 茶花 ——— 140

◆ 樱花 ——— 144

◆ 长寿梅 ——— 148

◆ 西府海棠 ——— 152

◆ 连翘 ——— 156

◆ 迎春花 ——— 160

◆ 山茱萸 ——— 164

观果盆景———167

观果盆景制作与养护—168

◆ 木通 ——— 170

◆ 柿树 ——— 174

◆ 南蛇藤 ——— 178

◆ 姬苹果 ——— 182

◆ 火棘 ——— 186

◆ 毛樱桃 ——— 188

◆ 美男葛 ——— 194

◆ 金豆 ——— 198

◆ 枸子 ——— 201

日本盆景专用术语释义 206

梦幻春花园———209

专栏 ———

小林国雄的世界

1 小林国雄的黑松《云龙》/ 60

2 大师工具 / 113

3 盆器①彩釉盆 / 117

4 盆器②土陶盆 / 131

5 水石世界 / 143

6 盆景配几架 / 155

7 盆景装饰摆件 / 159

8 挂轴与盆景 / 163

9 春花园 / 185

10 春花园中国分园 / 192

11 面向世界的盆景文化 / 204

12 春花园"七园训" / 205

本书阅读指南

●盆景品种详情页

介绍盆景植物。将该盆景初始形态和经小林国雄之手改造后的效果进行对比。简要介绍改造过程中实施的修剪、蟠扎、换盆等操作技术。

❶盆景的整体图片。小字为盆景所用的树种（名称）、盆器名以及树高等。

❷该植物的树名、别名、学名、分类、树形等。

❸以年历的形式，列出了修剪、蟠扎、换盆等，叶、芽的处理以及施肥的时间。

❹盆景改造前的样子。介绍修剪、蟠扎、换盆等操作要领。

❺盆景改造成形后的样子。

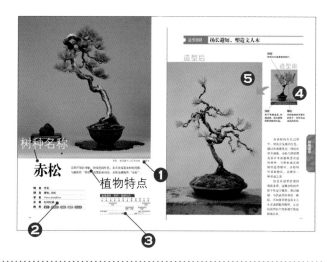

●盆景制作详情页

介绍盆景制作的详细步骤，一般分为修剪、蟠扎、换盆等3个步骤。也会介绍树种改造后的日常管理方法。

❶介绍盆景的修剪、蟠扎、换盆等操作要点。

❷以图片的方式，介绍盆景的修剪、蟠扎、换盆等操作方法。

❸小贴士：详细说明操作的要点。

❹用一句话描述经修剪、蟠扎、换盆后盆景的状态。

❺经过修剪、蟠扎、换盆后盆景的样子。可以明显看出经改造后盆景的变化。

❻大师技艺：小林国雄对操作技术予以说明。

❼在盆面铺种苔藓后的照片。

❽以问答形式介绍盆景的摆放位置，浇水、施肥方法，换盆时机，病虫害种类及防治方法等。

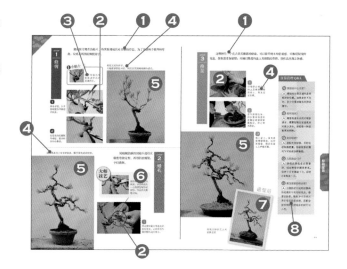

了解盆景

盆景的定义

盆景的"盆"指的是栽种植物的容器，"景"指的是栽种于容器中的植物表现出的景色。虽然盆景与园艺都是在容器中栽种植物，但它们却有着天壤之别。

园艺是随着植物的生长，不断换上更大的盆来栽种；而盆景更多地考量植物与容器的协调性，一般使用较小且浅的盆栽种。

园艺是植物自然生长，在长高的同时树冠逐渐变大，形成倒三角的树形；而盆景更加注重底盘的稳重，一般会人为地将树形塑造为下部较宽的三角形。

园艺一般追求开花结果，以花果为美；而盆景在于一盆之中呈现出壮美的风景，以及神韵。

要诀
盆景制作要点
1. 植物与盆的协调性
2. 树形的塑造
3. 方寸之间有天地

与园艺不同

❖ 盆的选用

盆景

园艺

使用小且浅的盆，注重整体的协调性。

随着植物的生长，不断换用更大的盆。

❖ 造型

园艺

盆景

随着植物自然地生长，树冠逐渐变大，呈现倒三角形。

将树形修剪为下部较宽的三角形，或用蟠扎丝将枝头固定下压，塑造古木的形态等，人为改变植物的形态。

❖ 养护的乐趣

园艺

盆景

看到繁花怒放、硕果累累，成就感满满。

方寸之间见风景。保留少量的花、果，作为点睛之笔。

在盆景中，植物的各部分都有其独特的名称，这也是学习鉴赏盆景的重要知识点。

伞状的树冠，如爪抓地的树根，苍劲挺立的树干，每棵树都有着自己的个性，因此欣赏的侧重点也各有不同。

根据树木的大小不同，盆景也有着不同的叫法：树高60厘米以上，称大型盆景；树高60厘米以下、20厘米以上，称中型盆景；树高20厘米以下、10厘米以上，称小型盆景；树高10厘米以下，称微型盆景。

要诀

1. 树木的各部分都有着独特的名称
2. 根据树高的不同进行分类
3. 盆景有着一套系统的鉴赏规则

盆景各部分

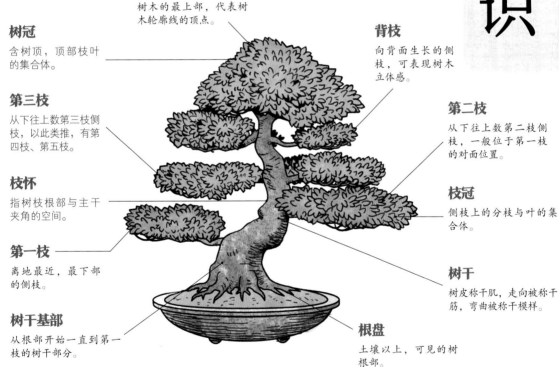

树顶
树木的最上部，代表树木轮廓线的顶点。

树冠
含树顶，顶部枝叶的集合体。

第三枝
从下往上数第三枝侧枝，以此类推，有第四枝、第五枝。

枝怀
指树枝根部与主干夹角的空间。

第一枝
离地最近，最下部的侧枝。

树干基部
从根部开始一直到第一枝的树干部分。

背枝
向背面生长的侧枝，可表现树木立体感。

第二枝
从下往上数第二枝侧枝，一般位于第一枝的对面位置。

枝冠
侧枝上的分枝与叶的集合体。

树干
树皮称干肌，走向被称干筋，弯曲被称干模样。

根盘
土壤以上，可见的树根部。

盆景的大小

 ◀微型盆景
树高10厘米以下

 ◀小型盆景
树高20厘米以下、10厘米以上

 ◀中型盆景
树高60厘米以下、20厘米以上

树高

 **◀大型盆景**
树高60厘米以上

3

正面与背面

　　盆景有正面与背面之分。从侧面观察，树干往前倾斜的一侧叫做正面。欣赏盆景的基本原则是从正面进行欣赏。因此，盆景需以正面作为欣赏面进行打造。但随着树木的生长，平衡的变化，调整欣赏面，甚至正面、背面对调，都是可以的。

背面　　　　　　**正面**

背面留背枝，从背面观察形成一个圆形，以增加整个作品的立体感。

侧枝从树干的两侧伸出，能很清晰地看见树干，左右可见强壮的根系。

侧面视角

从侧面观察，树木如同鞠躬致意一般向前倾的一侧，就是正面。

与左面伸出的探出枝相对应，右边的平衡枝起平衡作用。

右侧势

左侧势

探出枝　　　　平衡枝

平衡枝　　　　探出枝

探出枝大角度沿侧面伸出，强调主干的势。

塑造树势

　　树木枝干的左右走向，称为"势"。盆景制作常使用蟠扎丝将枝干定形，使其向着自己想要的方向弯曲生长，制造势。在向势的一侧最强壮的侧枝，称为探出枝，背势一侧留平衡枝，起调节作品平衡的作用。

❖ 与粗干的模样木相配的盆

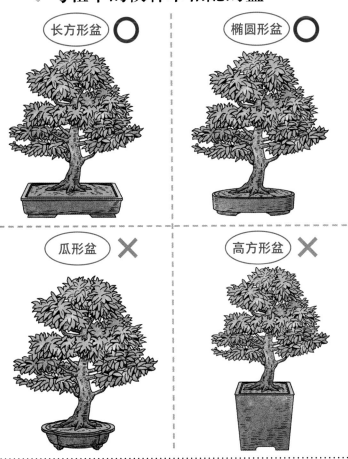

长方形盆 ⭕

椭圆形盆 ⭕

瓜形盆 ❌

高方形盆 ❌

盆器的选择

　　盆景展现的是植物与盆组合而成的风景，须根据树木的种类与造型合理选择盆。下面介绍几种常见搭配方式。在选用椭圆形或长方形盆的时候，须注意盆的尺寸要比树木的轮廓线小一圈。

盆的种类	推荐树形	不推荐树形
圆形盆	所有树形	—
椭圆形盆	模样木、斜干、直干、多干	—
正方形盆	粗干树、模样木、直干	细干树、文人木、临水式
长方形盆	粗干树、模样木、直干	细干树、文人木、临水式
高方形盆	悬崖式、模样木、多干	直干
六角形盆	粗干树、观花盆景、观果盆景	细干树、松柏盆景、杂木盆景
瓜形盆	模样木、观花盆景、观果盆景	直干、文人木、临水式、松柏盆景、杂木盆景
土陶盆	松柏盆景	杂木盆景、观花盆景、观果盆景
彩釉盆	杂木盆景、观花盆景、观果盆景	松柏盆景

空间感的打造

　　树木移栽至盆中的时候，要有意识地根据空间，选择与树木相配的盆，以使作品具有平衡感及稳定感。枝干的走向与枝条的强弱，决定了树木的势。向势方向留有一定空间，可形成稳定感。左图中的树木右侧枝叶繁茂，为右侧势，在右侧留有空间，整个作品就具有稳定感。

空间

盆景的种类

　　根据所种植物的不同，盆景可分为松柏盆景、杂木盆景、观花盆景、观果盆景及山野草五大类。

　　早年间盆景只分为种植裸子植物（松柏）的盆景与种植被子植物（杂木）的盆景两大类。但近年来，杂木盆景又被细分为四类，因此现在盆景一般分为五类。

　　历史最悠久的盆景是以松、杉等为代表的松柏盆景。历史上也留下了无数优秀作品，是盆景的主流。

　　此外，还有观花盆景与观果盆景等，也有多种盆景类型。可根据自己的喜好选择盆景类型，这也是盆景的乐趣之一。

赤松　诚山长方形盆　83厘米

松柏盆景

　　松柏为松科植物与柏科植物的统称。在盆景领域，将四季常绿的针叶树盆景统称松柏盆景。作为一种象征着坚强不屈品格的树种，松柏有着寿命长、不易枯萎等特点。松柏的养护简单，即使是初学者也很容易上手。

枫　和风椭圆形盆　80厘米

杂木盆景

落叶或常绿阔叶树中，不以赏花果为主要目的树种，如榉树、枫树等。随着四季更迭，有新芽、新叶、红叶、光枝等不同的欣赏点。杂木中多数都是生命力旺盛的树种，故与松柏盆景相比培育周期更短。

皋月杜鹃《紫龙之舞》　舟山凹角唇口长方形盆　75厘米

观花盆景

　　欣赏花朵的树种，如茶花、梅树、樱花树等。在一些大型盆景或中型盆景作品中，可以看到花朵盛开的景象。小型盆景中，一朵或一团花的特写，别具美感。从花苗开始种植，等待花开的时刻，乐趣尽在不言中。

观赏挂果时景象的树种，如柿子、木瓜等。与观花盆景一样，需要较长时间等待果实。但木通等藤蔓植物挂果的速度会快一些。根据树种的不同，结果的条件也各不相同，应事先做好攻略再购入。

观果盆景

西府海棠　广东长方形盆　70厘米

了解盆景

山野草

草本植物，如鹭草、堇菜、虎耳草等。其养护简单，时令性强，近年来受到了许多人的喜爱。与需要长年累月养护的其他盆景不同，这类盆景只需短期打理，即可形成作品。

花矶菊　交趾花轮式六角形盆　20厘米

盆景制作的目标是借助树木，在方寸间描绘出自然的风景。因此，基本的树形一般要合乎自然风景中的形态。

饱受饥寒，在自然界中顽强生长的姿态；笔直生长，直指天空的不屈姿态；追求光明，斜向生长的姿态……方寸之盆，任你尽情泼墨，描绘出一幅壮丽的风景画。这就是盆景最大的魅力。

此外，细干的文人木盆景有着飘逸洒脱的姿态，深受日本江户时代文人墨客的喜爱。

以上这些动人的姿态，被分为若干种，构成了盆景的基本树形。

盆景的基本树形

模样木（西府海棠）

模样木盆景

模样木

树干和枝条朝前后左右有序伸展的树形。在盆景界，将枝干塑造出的曲线称为"模样"。曲干是介于直干与模样木之间的树形，是将直立的树干进行极限的弯曲，塑造曲线的美感。

日本岩手县中尊寺里自然生长的模样木
赤松
自然生长状态

直干式

树干从根部起就笔直伸向天空，是最适合针叶树的树形。因其外形较为简洁，所以需注重突出其根盘的力量感、树干随高度逐渐变细的状态、侧枝的左右对称性。

直干式盆景

直干式杜松盆景

自然生长状态

日本群马县草津白根山上自然生长的直干青森冷杉

斜干式

单干树中，树干从根部开始向一侧大幅度倾斜的树形。杂木林在河畔经常可以见到，为了追求阳光而斜向伸出。

为了避免不稳定，倾斜一侧的对面须有被称作侧根的根盘扎入土中。

斜干式盆景

斜干式虾夷松盆景

日本栃木县那珂川河畔自然生长的斜干式针槐

自然生长状态

日本栃木县那须盐原市的公园里栽植的双干赤松

多干式

从根部长出多个树干的树形。2根树干称双干式，2根以上奇数者称三干式、五干式等，依此类推。

此外，最粗的干叫做主干，其余叫做副干。树干分支位置的不同，名称也不同，从植株底部就开始分支叫做公孙双干，植株底部稍微往上一些再分支，叫做直立双干。

双干式盆景

双干式微型梨盆景

一本多干式

多干树形里的一种，指具有3个以上树干的树形。一般取奇数树干。

粗细长短各不同的树干组成了森林一般的风景。此树形关键的一点是所有树干看上去像从一棵树上长出的。木质较软的树种容易做出这种树形。

一本多干式盆景

一本多干式五针松盆景

日本茨城县日立海滨公园里自然生长的一本多干赤松

自然生长状态

了解盆景

13

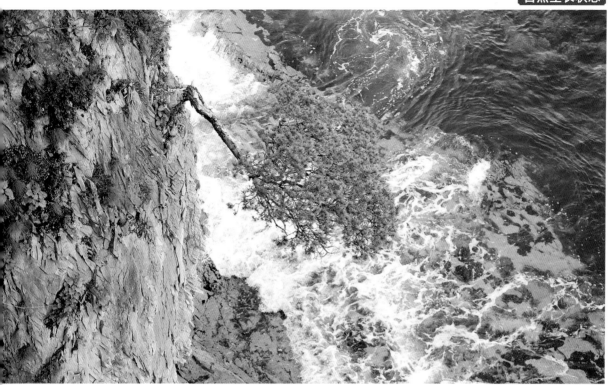

日本岩手县陆中海岸断崖上自然生长的悬崖黑松

悬崖式

　　枝干伸到盆以下的树形。这是模拟在海边断崖、溪谷绝壁等严酷环境中生长的树木形态。

　　枝干下垂，略低于盆沿的，称为半悬崖；大幅度下垂的，称为大悬崖。

大悬崖式盆景

大悬崖式虎耳草盆景

半悬崖式盆景

半悬崖式虾夷松盆景

14

日本山梨县南阿尔卑斯地藏岳自然生长的风吹式岳桦树。

风吹式盆景

风吹式三桠盆景

风吹式

　　模拟沿海地区或山坡上，经受强风吹袭而倾向一边的树形。

　　其特点是所有枝条都横向伸出，且朝同一方向生长，营造狂风吹过的形态。

文人木

　　细长纤弱的树干伸出，一副曼妙洒脱的模样，深受日本江户时代文人墨客的青睐，因此得名文人木。

　　造型时一般将底部的侧枝切除，使上部的枝叶更加醒目，重在营造婀娜柔软的风情。

文人木盆景

文人木真弓盆景

自然生长状态

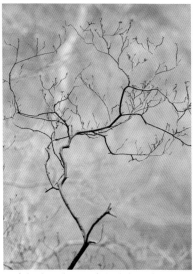

日本枥木县高原上自然生长的文人木山踯躅

了解盆景

15

自然生长状态

日本长野县北八岳自然生长的露根白桧树

露根式

原本生长在土中的根，露出盆面的一种树形。模拟在残酷的自然环境中，树木根系被冲刷露出地面的粗犷状态。

经过日晒雨淋，裸露的根变为跟树干一样的颜色，成为了树干的一部分。

露根式盆景
露根式真柏盆景

附石式

树木根部抱着石头的树形。模拟在缺少养分和水分的环境中顽强生长的树木样子。既可欣赏树木，也可欣赏奇石。

自然生长状态

日本秋田县狮子鼻湿原自然生长的附石槭树

附石式盆景

附石式枫树盆景

神枝

枝干的一部分枯萎后，经历风吹雨淋形成白骨化的树形。枯枝经历多年岁月，柔软的树皮掉落，坚硬的木质部露出，经过风雨洗礼逐渐变成白色。此种效果可天然形成，但常见神枝多为人工雕琢。

日本山梨县南阿尔卑斯地藏岳自然生长的枝干神枝化的落叶松

部分枝干变为神枝的真柏盆景《白龙》

神枝盆景

腐干式

树干一部分表皮剥落，木质部露出。随着害虫与病菌侵入，木质部腐化，裂开的树干内侧露出，仅有部分树皮残留。此树形沧桑古朴，表现不屈抗争精神，一般为人工制作而来。

自然生长状态

腐干式盆景

腐干式黑松盆景《黑龙》

日本秋田县狮子鼻湿原自然生长的腐干山毛榉

了解盆景

小林国雄作品欣赏

真柏《清风》 前世今生

1970 年　为突出舍利干而做的造型

1989 年　强而有力的侧枝突显气势

作品表现重点从面到线的转换

　　此盆名为《清风》的作品，其所植真柏是从日本纪州的山上获取，树龄已有500年，于1998年第十七届日本盆栽大观展展出，并荣获"内阁总理大臣奖"。那时的我，执着于追求优美的造型。但是，经过多次到中国访问交流，我从中国盆景中学到了许多东西。近年的日本盆景作品总是一味地追求优美的造型，同质化程度较高，而中国的盆景更注重于表现树木自身的个性与风骨，尤其是中国的岭南盆景那充满力量感与动感的线条，令我感悟良多。

　　从那之后，我对此作品进行了大幅度改动，并在2013年第二十二届日本盆栽作家协会展展出。从园艺的美升华为盆景的美，风格由面的强调变为注重线条的美感，将茂盛如幔帐的树冠大胆剪去，创造更多充满线条的空间与动感，展现大自然的风情与韵味，正所谓"自然之美"。

1998 年 枝繁叶茂，几近完成

2019 年 削弱侧枝，突显线条的动感

展出以后，为了追求更高的审美境界，我在舍利干上开出洞眼，进一步表现悲凉的沧桑感。创作者对美的感悟深度不足，就无法创作出打动人心的作品。因此日复一日刻苦的钻研是十分必要的。

最后，引用中国经典《周礼》关于造物四个条件"天""地""材""工"的一首口诀，希望对读者有所帮助。

> 天有时，地有气，
> 材有美，工有巧，
> 合此四者，然后可以为良。

学习盆景终身受用的几个要点

浇水、消毒、施肥、移栽管理时，把植物当成人来对待；发现植物自身的个性；创作盆景，非一朝一夕之功，需要时间的积淀。

追求动人
心魄的震撼

名品到底"名"在何处？我想它一定使人产生直击灵魂深处的感动。长谷川等伯的作品《松林图》、毕加索的作品《格尔尼卡》……超越了时代，却仍然时时击中人心。我在盆景道路上孜孜求索，也是希望给后世留下感人的作品。

黑松　　由面到点的改变

在原本密集的树冠内，留数根线条优美的枝条，营造整棵树的动感。盆景作者就是为树木塑造姿态的造型师。

2012 年

2016 年

2017 年

真柏《华严》
生死之交

1970年在日本大阪万博会盆栽展展出。饱经风霜的老树以自然的雄健状态，展现雄浑、古朴的风貌。

1970 年

2019 年

黑松《青龙》

虬曲的树干"以小见大"

白骨化的舍利干不离
不弃，展现出强大的
生命力。

1989 年

1999 年

杜松

空间的变换
表现时间的流逝

经过20年的生长，树木
枝繁叶茂，沉睡的老树
焕发新生。

1980 年

2019 年

了解盆景

真柏《木灵》

逐渐积淀生命的力度

经过岁月磨蚀，树干充满沧桑感。盆景是人与
时间共同创作的结果。

2017 年

2014 年

21

皋月杜鹃《桃千鸟》

每个侧枝都充满
生动的气韵

心无杂念，顺应树木的自然状态修剪，除去多余枝条，呈现出的作品比原先小了一圈，但更富有平衡感。

2000 年

2005 年

岩四手　　乱中有序

达到生命的顶峰，就预示着枯朽之时即将来临。细枝洗尽铅华，双干中仿佛传来祇园精舍的钟鸣。

1999 年

2019 年

盆景制作基础

盆景素材选购

花鸟市场有很多卖植物的店铺，但作为盆景素材的树苗，还是尽量去盆景专业店购买。

盆景专业店可提供选苗、种植、施肥、浇水及病虫害防治的建议，也可对新买盆景的修剪、蟠扎及病弱盆景的复壮等提供帮助。

盆景基地或盆景展览会的售卖区也可以去逛逛，也许可以淘到称心如意且价格合适的树苗。

价格便宜且入门简单的一般都是树龄较小的树苗。树苗分为由种子直接萌发长大的实生苗、将枝条插入土中生根繁殖而来的扦插苗及将枝条嫁接到砧木繁殖而来的嫁接苗等多种类型。

树苗种类

◈ 实生苗

呈现自然形态的树形，树干基部较为柔软，易于蟠扎成各种树形。

树干基部

柔软的树干基部可蟠扎金属丝而向任意方向弯曲。

◈ 扦插苗

尽量选择树干基部较为柔软的树苗。避免选择树干基部太直的树苗。

侧枝的走势通过蟠扎定形。如树干基部已经硬化，则较难蟠扎。

用小刀削平嫁接处砧木，消除突兀感。如砧木部分已木质化，则无法蟠扎。

◈ 嫁接苗

可在短时间内制作出理想的树形，但砧木部分的形态无法改变。如果觉得嫁接部位砧木有碍观瞻，可用小刀将其削平，并涂抹愈合剂。

选购树苗的时候需着重关注树苗的树干基部。实生苗一般有柔软且自然的树干基部，易于蟠扎，之后易生长成理想的造型。但是从一般树苗生长到有一定姿态，需要耗费很长时间。所以，一般可以选择已有一定造型的10年左右树龄的树苗。

选择此类树苗也是要重点观察树干基部，尽量不要选择树干基部呈直线生长的苗。另外，整个植株的健康状态也是重要的考量依据。

观花盆景尽量选择在花期之前购买。如果购入了正在盛开的花苗，花朵很快就会凋谢，再度见到花朵则要经过一年时间。

观果盆景可选择挂果较多的树苗，这种树苗前期养护比较到位。

树苗的筛选

❀ 树干基部、枝条

用手弯曲树干基部，选择较软的树苗，避免选择树干基部呈直线生长的树苗，且尽可能选择枝条分散均匀的树苗。

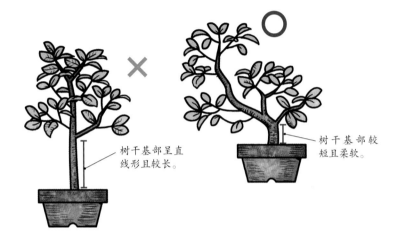

树干基部呈直线形且较长。

树干基部较短且柔软。

叶片稀少，颜色发黄，且有许多枯枝。

枝叶均匀生长，叶片健康且茂密。

❀ 叶的状态

叶片发白，说明可能是病苗。长期放置在通风及日照不良环境中的树苗，叶片会发黄或枯萎。

❀ 花与果实的状态

观花盆景的苗要选在花期前购入，最迟也要在出现花苞时购入。正在盛开的花苗，入手时很开心，但马上面临着花朵凋谢，下次看到花要等待一年之久。观果盆景也是一样，应选择在刚挂果时购入。

花盛开后，面临着凋谢，下次开花要等一年时间。

带花苞的树苗，购买后可以欣赏整个花期的花朵。

制作盆景的工具

盆景的制作，离不开各种工具。盆景专用工具凝聚了前人的智慧与经验。有些工具可用常用工具代替，但专用的工具给人带来仪式感。

根剪 剪 植

换盆时，用于切除多余的根，也可用于修剪粗枝和硬物。

修枝剪 剪

用于修剪细枝、叶片等。修枝剪一般不用于园艺，只作为盆景工具使用。

锯子 剪

用于切断粗树干。使用时注意不要伤到其他枝条。

叉枝剪 剪

用于修剪粗根，也可用于从基部剪除粗枝条。

铜丝 针

铜丝比铝丝硬度高，常用于松柏盆景的制作。可将新铜丝用火烧一次，这样会变软，更便于使用。

铝丝 针

用于蟠扎、植株与盆的固定等。其质地柔软，易于弯曲。可购多种规格的铝丝备用。

钢丝钳 针

用于剪断金属丝，拆除蟠扎时使用。尽量不要用剪刀剪蟠扎丝，以免损坏刀刃。

钳子 剪 植

种植或移栽时用于拧紧护根的麻绳，或拆除蟠扎丝。可用镊子代替。

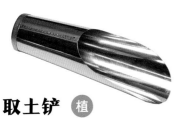

取土铲 植

移栽或换盆时，用取土铲将土填入根与盆之间的缝隙里。选择与盆相应的尺寸。

根钩 植

移栽时，用于挖掘及耙松根系周围的土壤。

扫帚 剪 植

用于打扫盆面的杂物，或清理工作台及盆景周围的台面。

莲蓬头

喷壶 植

颈部较长的喷壶更便于盆景使用。出水量过大会导致土壤流失，尽量选择出水口多而小的莲蓬头。

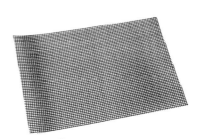

盆底网 植

防止害虫从盆底孔中侵入，以及防止土壤流出。也可覆盖于盆面抑制害虫。

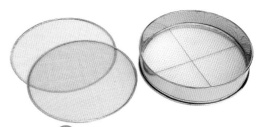

筛子 植

将结块的土壤筛为小颗粒状。应根据需要选择网眼大小合适的筛子。

竹签 植

移栽或换盆的时候用于捣松土壤或将土壤塞入根与盆之间的缝隙。竹的材质有韧性，不易折断。较大的盆可换用竹筷子。

带铲刀的镊子 剪 植

用于摘除不需要的芽与叶片。有专门用于盆景制作的带铲刀镊子，是小型盆景制作的必备工具。

盆景专用种植土

盆景专用种植土很重要，须同时具备保水性、排水性，以及让植物的根系能够自由呼吸的透气性。

赤玉土能较好地同时满足这些条件。盆景的基本用土一般由赤玉土七成，河沙（富士沙）、竹炭及轻石混合物三成配制而成。

市面上有售配制好的盆景专用土，赤玉土和河沙等配比也较好。但需要注意的是，市售的园艺用营养土因所含养分较多，植物的根系会生长过快，土壤容易板结，最终会造成土壤透气性和排水性变差，影响植物健康生长。

盆景专用种植土的准备与配制

赤玉土中的微尘会将颗粒结合在一起，形成大颗粒，影响排水性和透气性，所以须在袋内捏碎赤玉土，将其彻底打碎为小颗粒，之后过筛。

配制盆景用土时，先按比例称量出各成分，放入稍大一些的盆或桶中拌匀。

孔径4厘米筛子

直径4~5厘米颗粒

一粒直径5厘米左右的赤玉土在经过孔径4厘米筛子后，会筛出直径1~4厘米的颗粒。

直径1厘米筛子

直径1~4厘米颗粒

直径1~4厘米的赤玉土在经过直径1厘米筛子后，会筛出直径1厘米以下的小颗粒。

小颗粒与微尘

剩余盆景用土的保存

干燥的腐殖土用喷壶喷水湿润

用手揉搓直至变软

如果配好的盆景专用种植土有剩，应将其装入袋中密封，并置于通风背光处保存。用便签贴记载成分配比后贴于袋上。使用时应再次过筛，筛取小颗粒。腐殖土可装于塑料袋或密闭容器中，保存1个月左右。干燥的腐殖土可用喷壶喷水湿润，再度将其揉捏变软后使用。

种植土种类

一成

◈ 竹炭

可吸收多余水分与腐败物质，一般用量占通用种植土的一成左右。竹炭可以防止烂根，普通煤炭也有同样的效果。

一成

◈ 富士沙

由火山灰加工而来，用于园艺种植。因其含铁量大，所以比较重。富士沙透气性较好，适于栽培草本植物，也可作为彩色装饰沙的原料。

一成

◈ 轻石

一种火山喷发制造出的多孔岩石，有良好的透气性与排水性。有些轻石根据产地命名，如鹿沼土。在盆底铺一层轻石，可以促进根的生长。

七成

◈ 赤玉土

红土经干燥后就叫做赤玉土，是盆景最常用的土壤材料，分为大颗粒、中颗粒、小颗粒。颗粒越大，其通气性、排水性和保水性越好。随着使用时间的增长，土壤颗粒会黏结在一起，可以混入河沙进行改良。

附石盆景专用

◈ 腐殖土

各种有机物堆积后自然腐熟的土壤。其特点是呈黑褐色，黏性较大。腐殖土保水性较强，常用于树苗扦插与附石盆景的制作。日常保存时须干燥后再放入塑料袋等密封容器中。

皋月杜鹃专用

◈ 鹿沼土

日本栃木县鹿沼地区产出的土壤，是火山沙砾经风化后形成的一种轻石。其特点是透水性、透气性极佳，酸性较强。鹿沼土湿润时呈黄褐色，干燥时呈淡黄色，是种植皋月杜鹃不可或缺的一种土壤。

盆景制作基础

种植土配方

竹炭、富士沙、轻石 3

赤玉土 7

◈ 通用种植土

适用于松柏盆景、杂木盆景、观花盆景、观果盆景、山野草等几乎所有种类的盆景。

赤玉土 2

腐殖土 5

水苔 3

◈ 附石盆景专用土

要让植物的根附着在岩石上，就必须使用这种黏度较高的腐殖土。

干苔 1

鹿沼土 9

◈ 杜鹃、皋月杜鹃专用土

杜鹃科植物喜酸性土壤，酸性很高的鹿沼土加上干苔是最适合的了。

盆景盆器

盆景是通过植物与花盆的恰当组合，共同描绘美丽景色的一种艺术。所以，选择适宜的盆器也是一项重要的工作。选盆时要选择与树木匹配的盆，树木与盆相匹配，称盆树相和。

盆器有许多种类，表面有无釉彩、形状、高矮、边缘的形状、有无盆脚等，与植物组合方式有无数种。

最常见的组合方式有松柏盆景搭配质朴的土陶盆，杂木盆景、观花盆景、观果盆景搭配色彩丰富的彩釉盆等。粗干的植物宜用正方形、长方形或六角形盆，细干的植物宜用圆形或椭圆形盆，这样整体呈现出的平衡感更好。

盆器种类

土陶盆

不上釉彩，直接用黄泥烧制的盆。其上面凹凸的泥土质感与微妙的色差，有一种粗犷而朴实的美感。边缘加宽，很容易就打造出厚重感，最适合于松柏盆景使用。土陶盆使用得越久，就越有沧桑感。

彩釉盆

上釉彩后烧制出的彩釉盆，有青色系和红色系等丰富的颜色。除松柏以外的植物都可使用。盆的颜色与叶、花、果相衬，能增添作品的灵动性。缺点是透气性没有土陶盆好。

盆器各部分名称

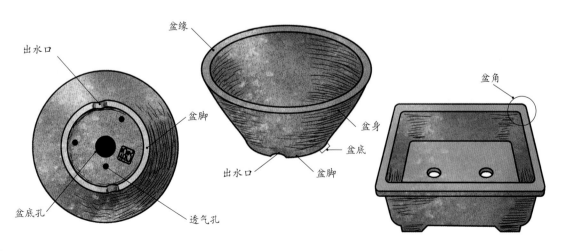

盆器深度

选择盆器时不仅要看盆的大小、形状、颜色以及质地，还要看深度。盆器的深度对盆景整体韵味的提升，起着极为重要的作用。不同深度的盆，其名称也不同。

薄盆	浅盆	中深盆	深盆	高盆
如盘子一般最浅的盆。	盆高度小于盆直径的一半。	深度介于深盆与浅盆之间。	盆的高度大于或等于盆的直径。	盆的高度远大于盆的直径。

盆器形状

从盆器上部俯视看到的形状，就是盆形。椭圆形就叫椭圆形盆，正方形就叫正方形盆。根据树干的粗细选择合适的盆形。

椭圆形盆　　**圆形盆**

   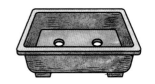

正方形盆　　**八角形盆**　　**六角形盆**　　**长方形盆**

◈ 盆脚的种类

素线条足

云头足

◈ 盆角的形状

凹角

直角

圆角

◈ 盆缘的种类

外缘
盆缘朝盆外侧伸出。

内缘
盆缘朝盆内侧伸出。

切立
盆缘与盆壁平齐。

玉缘
盆缘向盆外侧伸出且边缘呈圆形。

盆景制作基本方法

修剪

所谓修剪，就是修整芽、叶片，剪除多余的枝条。

芽、叶片的修整，一般在春夏季树木生长期进行。因为叶片密集会造成日照与通风的不足，易诱发树木病虫病。减少叶片数量，可以改善光照及通风状况，抑制病虫害的发生，保证树木健康。将顶芽摘除，可以促进侧芽萌发，增加侧枝的数量。

修剪最大的目的是改变树形。春夏季生长期将过长的枝条剪短，以保持树木良好的整体形状；秋冬季休眠期根据构思的树形，剪去不需要的枝条。

修剪后

修剪前

修剪方法

摘芽

用镊子摘除顶芽。顶端的芽获得的养分最多，会导致枝条纵向生长过长，抑制其他芽点的发育。

剪枝

将过长的枝条修剪至与轮廓线平齐，以保持树形。一般在芽点上方处下剪。

整形

为了维持树的大小，将树木整体修剪一圈，使其树冠变小，一般在生长期进行。

剪叶

将摘芽后多余的叶片剪去，留下叶柄。可快速促生更多小枝条，也可调节树势平衡。

叶柄

疏枝

修整树形，将多余的侧枝从基部剪下，加强光照，也可改善通风，预防病虫害的发生。

切叶

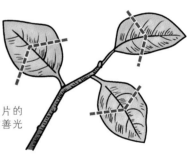

生长期将树木外围叶片的前端剪去，目的是改善光照和通风情况。

修根

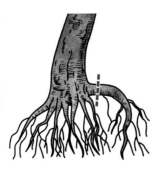

根的规模应与树木的大小相适应，移栽或换盆时将过长的根剪去，可抑制徒长。

疏叶

将过大的叶片从叶柄处剪去，减少叶量，改善光照与通风情况，也可以达到均衡叶片大小的目的。

修剪·忌枝

忌枝是指破坏树形整体美感的枝条，它会降低盆景的观赏价值。忌枝不仅会破坏树形，还会影响通风，妨碍树木生长，发现时就要及时剪除。

❖ 前突枝

向正面伸出的枝条。在树顶以外的地方发现这种枝条，就要立即从基部剪去。

❖ 直立枝

垂直向上生长的枝条。可直接从基部剪去，或蟠扎将其压下。

❖ 徒长枝

朝上方生长的枝条，一般又长又粗且长势强劲。因其摄取过多养分，会抑制其他枝条生长。

❖ 下生枝

垂直向下生长的枝条。一般长势较弱，可从基部剪去，或将其蟠扎，改变生长方向。

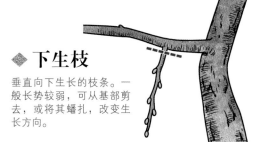

❖ 平行枝

在很近的距离，两条生长的长度、粗细、方向都非常相似的枝条。可将其中一枝剪去，或蟠扎调整。

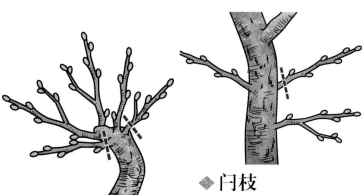

❖ 轮枝

在同一个地方生长出数条如轮辐般呈放射状的枝条。可间隔剪去2~3枝。

❖ 闩枝

在树干左右或前后长出两枝条，生长在一条直线上，如同一条直线贯通树干。这种枝会破坏树木的美感，应将其一枝剪去。

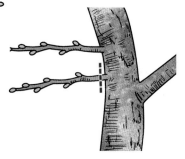

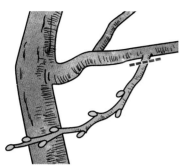

❀ 重生枝

在同一个地方重叠长出两枝条，破坏了树形，应将其中一枝从基部剪去。

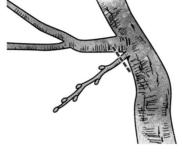

❀ 交叉枝

与主要枝条或树干交叉的枝条。交叉枝总给人杂乱之感，应从基部将其剪去。

❀ 逆枝

向相反方向突兀地生长出的枝条。逆枝会破坏整体景观，应从基部将其剪去或蟠扎矫正。

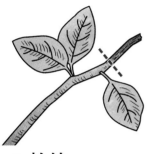

❀ 弯曲枝

呈"U"字形弯曲的枝条。用蟠扎的方法矫正，或从弯曲处剪断，改变其生长方向。

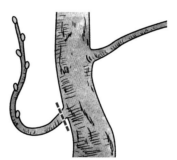

❀ 枯枝

枯死的枝条。枯枝会破坏整体景观，无论任何季节发现这种枝条，都要立即剪掉。

❀ 腹枝

树干弯曲的内侧生长出来的枝条。应从基部剪去腹枝。如果周边枝条稀少，可适当剪短，保留一截。

使用愈合剂保护切口

较大的切口如果置之不管，树皮会生长形成瘤状愈伤组织，还有可能导致病原菌入侵。因此应尽可能保证切口平整，并涂抹愈合剂予以保护。

切口会渗出水分和养分，也利于雨水与病原菌侵入。

愈合剂可以防止水分和养分的渗出，阻止雨水与病原菌的侵入，还可以促进切口愈合。

蟠扎

  蟠扎的目的是改变枝条的生长方向。如果一棵盆景植物不进行蟠扎，那么枝条就会自然向光生长，造成枝叶重叠，引起光合作用效率下降，还会造成树形杂乱，不美观。

  蟠扎使用的材料一般为铜丝或铝丝。铜丝硬度较高，不易弯曲使用，但其茶色的外观更不显眼；铝丝柔软，易于弯曲，但较为显眼。

  蟠扎时根据树木的种类与枝条的粗细，选择不同材料。蟠扎丝缠绕的间隔均等，可提升美观度。其中，铝丝有不同粗细规格，可以多准备一些，便于在不同场合使用。

  需要注意的是，不要因为蟠扎而折断树枝。而且枝干生长到理想的弯曲状态，就要拆除蟠扎丝。

蟠扎的基础

❀ 确定枝条的弯曲方向

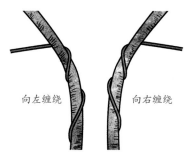

一般需要枝条向左弯曲就向左缠绕，需要枝条向右弯曲就向右缠绕。用手轻轻弯曲枝条，更柔软的方向即为树枝的原生长势方向。注意不要反方向弯折枝条，以免折断。

❀ 从枝条分叉处开始蟠扎

以枝条分叉的地方（即"V"字形处）为起点，两条枝分别以相反的方向缠绕蟠扎丝。

❀ 蟠扎的方向

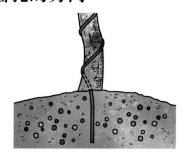

将蟠扎丝插入土中，以树木背面为起点，按45°左右角度等间隔向上缠绕。蟠扎方向是从粗枝向细枝缠绕，从枝条基部向枝条尖端缠绕。

❀ 弯曲枝条

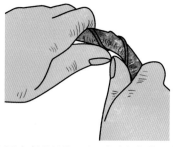

以外部蟠扎丝为支点，将大拇指按压在内侧的枝条上，轻轻弯曲。注意弯曲的过程中不要让蟠扎丝松脱，也不可将枝条折断。

树枝蟠扎

1
选择粗细度相近的相邻树枝，将两个树枝用蟠扎丝固定在一起。先将蟠扎丝缠绕在一个树枝上。

2
两枝之间的树干缠绕1~2圈蟠扎丝后，将蟠扎丝缠绕在另一个树枝上。

枝条的弯曲方向

松柏类

松柏类一般将枝条下压，与树干呈锐角。

杂木类

杂木类的枝条一般先微微向上抬起再往下压。

蟠扎丝的接续

接续的要点是与上一条蟠扎丝重合缠绕2~3圈。

在较粗的枝条上接续蟠扎丝，可适当多重合缠绕几圈。

蟠扎方向的改变

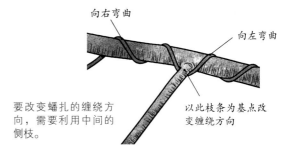

向右弯曲

向左弯曲

以此枝条为基点改变缠绕方向

要改变蟠扎的缠绕方向，需要利用中间的侧枝。

盆景制作基础

蟠扎丝的拆除与蟠扎造成的伤痕修复

1 剪断蟠扎丝

2 用钳子剥除蟠扎丝

3 将膨胀部分削平

4 涂抹愈合剂

新生枝干较为柔软，蟠扎的效果很好。与此同时，由于它们生长速度较快，蟠扎丝会很快嵌入树皮，造成伤痕。如果蟠扎丝嵌入了树皮，需要用钳子将其拆除。蟠扎丝周围的树皮会膨胀，可用小刀将其削去，然后涂抹愈合剂。

移栽与换盆

移栽或换盆的目的是调整根系的生长状况。根系过于密集，会降低透水性与透气性，影响植物对水分及养分的吸收。如果浇水时发现水淤积在盆面难以下渗，就说明需要换盆了。

树苗换盆一般1年1次，将弱根切除，给强根提供更大的生长空间。然后移栽至比原盆大一号的盆中。当树木生长到需要的高度后，将根部逐渐剪短，并慢慢移栽至更小的盆中，这个阶段一般2~3年换盆1次。

换盆后，透水性会大大增强，再将盆做稍许倾斜。另外，由于根系还未牢固，要放在避风处，以免树木倒伏。

新盆准备　　　根系处理

1 用盆底网将盆底孔盖上，并向下穿"U"字形金属丝。

2 用钳子在盆底面将金属丝折弯，以固定盆底网。随后多余的部分用钢丝钳切除。

3 在盆底上穿两根较长的金属丝，它们的作用是将树木固定在盆中。

用根钩从上至下将根部耙松，根系过多时用根剪修剪。

过长过密的根，用根剪剪短。

将直径2毫米左右的金属丝穿过盆底孔，用来固定即将种植的树木。

栽种

1 在树木的根部包上一层种植专用土，放在适宜的位置上，用预留的金属丝固定。

2 慢慢将种植专用土填入树木与盆之间的空隙中，确保不留缝隙。

3 如有必要，在盆面种上一层苔藓。然后浇定根水，直到盆底流出的水变清澈为止。

种植专用土的填土方法

1 先在盆底铺一层大颗粒的赤玉土。

2 填入与大颗粒土相同厚度的种植专用土。

3 将树木放入后，在盆与树木的空隙中填入种植专用土。用竹筷子或竹签将缝隙捣实。

盆景日常管理

摆放位置

春花园里摆放的盆景。在木墩或水泥墩上铺上石板或木板，然后在上面摆放盆景。用金属丝将整个盆固定在底座上，以防强风将盆打翻。

盆景适宜摆放于通风及光照条件良好的室外。根据树木种类的不同，摆放位置也略有差别。还可适当设置遮雨棚，稍加改造环境条件。也可用木板或水泥砖打造简易放置台。

盆景放置于半遮条件下，日照条件良好，但盆土易干燥；放在全遮条件下，日照条件不佳，但盆土可以保持湿润。利用这一规律，可在自家阳台等小型空间内，灵活设置摆放盆景的位置。

避免将盆景直接摆放在地面上。雨水及地面的泥土会带来病原菌，树木易发生病害，也容易遭受蛞蝓等害虫的侵害。

◈ 简易盆景放置台

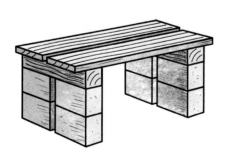

将两块水泥砖重叠摆放，叠成四个脚，在其上方摆放木板。可使用较厚的木板，厚木板吸水性强，可以保持一定的湿度，还可以防止阳光反射。

◈ 摆放小型盆的小窍门

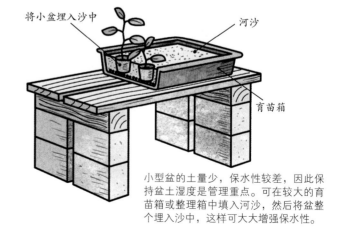

将小盆埋入沙中　　河沙

育苗箱

小型盆的土量少，保水性较差，因此保持盆土湿度是管理重点。可在较大的育苗箱或整理箱中填入河沙，然后将盆整个埋入沙中，这样可大大增强保水性。

浇水

浇水不仅是为了给植物补充水分，还可以更新盆土中的旧空气，以及带走土中的废物。盆面干燥时，就可以浇水。每次都要浇透，即浇水一直到盆底流出水为止。

各种树木的特性不同，有的喜湿，有的喜干。提早做好攻略，避免对树木造成伤害。不同的季节，浇水的量和次数也不同。

给树木浇水可在水龙头上接胶皮管直接喷洒。但最好还是用洒水壶慢慢浇，这样不但可以减小水对树木的冲击，而且可以在浇水的过程中仔细观察植物，及时发现问题。建议在出水口安装眼多且细的莲蓬头。

在春花园中，小林国雄正使用接上专用喷头的水管给盆景浇水。

浇水频率	※发现盆面干燥时浇水，浇水必须浇透
春	1天1次
夏	1天2~3次
秋	1天1次
冬	2~3天1次

❖ 缺水标志

叶片枯萎说明根部出现了问题，导致水分吸收失常

叶片的边缘枯萎，说明土壤中缺水。对此，可采用多次浇水或浸盆等措施进行紧急补救。

❖ 浸盆

水桶

水从盆底孔中进入

水位比盆边略低

浸盆是将盆浸入水中。这是树木缺水时紧急补救措施之一。水位高度应与盆面基本齐平。水从盆底孔进入，并湿润整盆土壤。

施肥

在花盆中生长的树木，因盆土有限，所以必须施肥，以补充养分。但是，由于树木根量较少，吸收的肥量有限，所以过度施肥可能对根部造成损伤。

施肥前，须控制好肥料的用量与浓度，可选用缓慢释放营养的缓释肥。另外还须根据树木的生长周期确定施肥的时机。

肥料的种类及用法

肥料分为起效迅速的液肥、置于盆面缓慢释放养分的固体缓释肥、与盆土混合使用的基肥。肥料可以给植物补充其所需的氮、磷、钾等元素。

肥料的种类

基肥施用方法

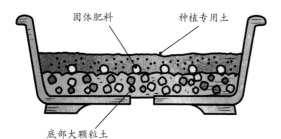

固体肥料　　　　种植专用土

底部大颗粒土

观花盆景、观果盆景换盆的时候，在大颗粒底土的上面撒上一层固体缓释肥，然后用种植专用土覆盖，最后在上面种植树木并填土。

❖ **基肥**

基肥是种植或换盆时，与底土混合施用，为植物提供长效营养的肥料。施肥时在底土中洒入固体缓释肥，然后在上面薄薄地铺一层种植专用土。

❖ **液肥**

液肥即液体肥料。液肥用水稀释后，用洒水壶喷洒到盆土中。与固体肥料相比，液肥的起效更快，在山野草、观花盆景花期之前施用，能有效促进植物开花。

液肥施用方法

洒水壶

因盆景的土量较少，所以液肥稀释得要比规定浓度更低

将液肥稀释至比规定浓度更低，然后直接浇至盆中。因植物吸收营养需要一定时间，所以可根据需要经常施用。

活力剂是让萎靡的植物迅速恢复健康的一种促进剂。其含铁离子、配合植物提取液等成分，可加速植物对养分的吸收，促进根与芽的生长。

施肥的时机

有些植物喜肥，有些不喜肥，但基本的施肥时机原则上都是一样的，一般在生长期的春天到初夏、为过冬积蓄养分的秋季进行追肥。可在盆土上放置固体缓释肥。

冬季植物处于休眠期，不需要施肥。刚修剪或换盆的植物，元气尚未恢复，不可施肥。为了防止肥料对根部造成负担，不要在梅雨季节及盛夏施肥。

另外，观花盆景与观果盆景应在换盆的时候施基肥，从开花到结果这段时期停止施肥。

◈ 固体肥料

固体肥料是直接放在盆面的肥料。将适量固体肥料均匀地洒在盆土上，并确保其不直接接触植物的根系。

固体肥料施用方法

大粒的固体肥料可用"U"字形金属丝固定于盆面。根据盆的大小，在盆面均匀放置。

活力剂施用方法

将活力剂稀释至比规定浓度更低，用喷壶喷于叶片上。

喷壶

发现叶片发黄时，就可以立即使用活力剂。将活力剂用水稀释后喷于叶片表面，可使树木迅速恢复元气。刚修根或移栽的植物，因其根部负担较重，禁止使用。

◈ 活力剂

活力剂在植物萎靡时施用，有助于植物迅速恢复元气。刚刚修根或移栽的树木，根部负担较重，禁止使用。

病虫害症状及防治

　　盆景病虫害以预防为主。预防病虫害最好的方法就是将盆景置于适宜的环境中，并认真做好日常管理。

　　确保摆放的位置通风、日照条件良好；经常修剪枝叶，使其不重叠；盆与盆之间保持一定的距离，不会互相遮挡阳光。如果能够做到以上几点，盆景就不容易发生病虫害。

及早发现病虫害

　　害虫的发生是有一定季节性的，在害虫多发季节，仔细观察盆的周围、叶片底下等隐蔽位置，发现害虫的蛛丝马迹。

　　如果发现虫卵或虫粪，应及时用水洗去，或用刷子刷掉。尽量不要等发生病情了再使用药剂。

◈ 常见病害症状及防治 ◈

煤污病

春季到秋季多发，蚜虫或介壳虫的排泄物附着于枝叶的表面，导致枝叶表面发黑。可于冬季喷洒杀菌防虫剂进行预防。

 松柏　杂木　观花　观果

白粉病

初春或初秋多发，叶片或茎部出现白色或灰白色粉状物，会导致叶片掉落。平时可修剪过密枝叶，改善通风状况，并使用杀菌剂进行预防。

 松柏　杂木　观花　观果

根癌病

土壤中的细菌引发的根部瘤状病变，严重时影响植物开花、挂果。此病蔷薇科植物多发。完全切除发病部位，并于换盆时将根部浸入杀菌剂进行预防。

 蔷薇科植物

黑斑病

梅雨季节及雨水较多的时候多发，在蔷薇科植物的叶与茎部出现黑色圆形斑点。斑点扩散后叶片发黄，导致落叶。将得病部位及周边的枝叶剪去，并喷洒专用杀菌剂。

 蔷薇科植物

对植物用药越多，药物对害虫与病原菌的杀伤力就越弱，害虫与病原菌的耐药性就越强。

药剂的种类及使用注意事项

药剂分为治疗病害的杀菌剂、治疗虫害的杀虫剂，以及既可治疗病害又可治疗虫害的杀菌杀虫剂。不同的植物与不同的病虫害，对应的药剂也不一样。如果不大清楚，可咨询植保专业人士后再治疗。

有些药剂不仅对病原菌与害虫有杀灭作用，对人体也是有害的，因此使用药剂前应仔细阅读说明书，施用时做好防护。如施用时需戴口罩、塑胶手套，并尽可能遮住裸露的皮肤。

◆ 常见虫害症状及防治 ◆

蚜虫

吸取嫩枝嫩叶的汁液，导致枝叶枯萎。蚜虫的排泄物还会引发煤污病。使用专用的杀虫剂，在植物发芽时定期喷洒，以达到预防目的。

松褐天牛

松褐天牛是为害松树的一种蛀干昆虫，成虫啃食嫩树皮，幼虫钻蛀树干；其体内还带有松材线虫，会导致松枯萎病，造成松树死亡。在天牛成虫活跃期，应用防虫网将松树罩起，防止其侵入。

各类松树

介壳虫

介壳虫是植物最常见的害虫之一，附着于植物表面吸取树汁，导致树木的枝干枯萎。因其有坚硬的外壳保护，杀虫剂对其的杀灭效果不佳，应使用牙刷等工具人工将其除去。

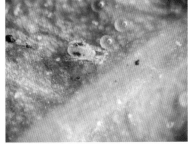

叶螨

在梅雨季节过后一直到入夏时期较为活跃，附着于叶片上吸取汁液，导致叶片发黄发黑，甚至引发整个植株枯萎。在浇水时湿润叶片就可以预防。

病虫害发生月份一览表

	白粉病	黑斑病	煤污病	根瘤病	蚜虫	介壳虫	叶螨	松褐天牛
1月								
2月								
3月								
4月								
5月								
6月								
7月								
8月								
9月								
10月	白粉病	黑点病						
11月								
12月								

盆景管理月历

这是一份盆景管理重要事项的年历。每个季节需要做什么及注意事项一目了然。其他未尽事宜可根据自己的盆景类型来确定。

1月

盆景养护	中旬	松柏盆景枝条修整
		将盆景移入室内
		摘除观果盆景的果实
		用刷子刷洗树干
	下旬	蟠扎（移入室内后）
消杀		喷洒杀菌杀虫剂
肥料		停止施肥

2月

盆景养护	上旬	配制换盆时使用的种植专用土
		山野草除去老叶
		除去盆面残留的固体肥料
		用刷子刷洗树干
	中旬	制作神枝、舍利干的最佳时机
	下旬	梅树换盆最佳时期
消杀		喷洒杀菌杀虫剂
肥料		停止施肥

3月

盆景养护	上旬	将盆景搬出室外（出芽之前）
	中旬	杂木盆景换盆
	下旬	松柏盆景换盆
消杀		蚜虫等害虫预防
肥料		停止施肥

4月

盆景养护	上旬	摘芽（叶片展开前）
	中旬	金豆、栀子花换盆最佳时期
		黑松摘芽
		繁殖用雄树的准备
	下旬	榉树摘芽（勤摘）
消杀		涂抹杀菌剂（每月2次以上）
		喷洒杀虫剂
肥料		黑松开始施肥
		观花盆景、观果盆景不可施肥（直到6月）

5月

盆景养护	上旬	缩缅葛换盆最佳时期
		缩缅葛修剪最佳时期
	中旬	枫树、鸡爪槭剪叶
消杀		蚜虫防治
		黑松枯叶病防治
		涂抹杀菌剂（每月2次以上）
施肥		施肥（除了观花、观果盆景）

6月

盆景养护	上旬	透翅蛾幼虫防治
	中旬	黑松切芽前追肥
	下旬	栀子花授粉（禁止淋雨）
消杀		白粉病防治
		涂抹杀菌剂（每月2次以上）
施肥		施肥（除了观花、观果盆景）

7月		
盆景养护	上旬	设置遮阳棚,防止烈日暴晒
		长寿梅剪叶(增加小枝条)
		黑松切芽(老树)
	中旬	黑松切芽(树苗)
消杀		啃食皋月杜鹃花蕾害虫防治(直到10月)
		全面防治病虫害(病虫害高发期)
		涂抹杀菌剂(每月2次以上)
肥料		液肥薄肥勤施

8月		
盆景养护	上旬	盛夏时节注意勤浇水
	中旬	赤松芽修整
		栀子花最后一次摘芽
消杀		全面防治病虫害(病虫害高发期)
		涂抹杀菌剂(每月2次以上)
肥料		液肥薄肥勤施

9月		
盆景养护	中旬	松柏盆景蟠扎
		杉树最后一次摘芽
	下旬	杜松最后一次摘芽
		梅树换盆最佳时期
消杀		蚌虫防治
		白粉病防治
		涂抹杀菌剂(每月2次以上)
肥料		树木过冬前施肥

10月		
盆景养护	上旬	长寿梅换盆最佳时期
		黑松芽修整
	中旬	松柏盆景造型(一直到春天)
	下旬	清除老叶与枯枝
消杀		根癌病防治
		涂抹杀菌剂(每月2次以上)
施肥		树木过冬前施肥
		欣赏红叶的植物停止施肥

11月		
盆景养护	上旬	设置防鸟网,保护观果盆景的果实
	中旬	落叶后,用刷子刷洗树干
		欣赏红叶的杂木盆景修整叶片
		去除黑松老叶
消杀		线虫防治
肥料		停止施肥

12月		
盆景养护	中旬	黑松疏叶
	下旬	移入室内前的准备
消杀		喷洒杀菌杀虫剂
肥料		停止施肥

盆景制作基础

盆景摆饰

新春主题 盆景摆饰

枯疏的枝头，缀满点点花蕾，春光乍泄。忘却时间，沉醉在这份馥郁的花香中……

　　不经意间瞥见道路尽头盛开的鲜花，仿佛听见了季节的脚步声。
　　盆景的摆饰被称作"景道"，通过在室内摆饰盆景，描绘四季的无限美景。将自己制作盆景时的热忱与激情，一览无遗地展现给来访的亲朋好友。

春季主题
盆景摆饰

草木悸动的时节，桦树的新芽争先恐后地萌发。挂轴"闲云"，意即空中浮云。想象着自己躺在这棵树下，温暖的春风拂面而来。

夏季主题
盆景摆饰

深山瀑布旁，孑立着如同仙女般清新脱俗的紫薇花。一旁的奇石就像一个误入深山的旅人，感受着扑面而来的清凉，惊艳于眼前桃花源般的美景。

秋季主题
盆景摆饰

柿子树枝头挂满累累硕果，空中的飞鹰盘旋归巢，此刻仿佛闻到了老家屋舍中袅袅炊烟。

冬季主题
盆景摆饰

榉树的枝头挂满冰霜，伞盖般的树冠古意盎然。在山旁渔村越冬的丹顶鹤，大自然的寒意阵阵袭来。

松柏盆景

制作与养护

调整叶的形态
增加出芽数量

　　松柏盆景常用树种黑松与赤松，如果任其自然生长，每个叶都会长得非常长。在制作时，通常需要通过年复一年的修整，使叶呈现出短而紧凑的状态。

　　每年4月份前后，保留第一茬新芽1/3长度，其余部分除去。这样可以平衡强势芽与弱势芽的长势。

　　6~7月份进行第二茬的切芽操作，通过人工方式缩短芽的生长期，以此来控制叶片的长度。切芽还可以增加出芽数量。

　　切芽会影响树木生长，所以日常要勤于施肥，增强树木的长势。树木生长状态较差的年份，要停止切芽作业，让树木静养恢复。

◈ 摘芽（4月）

新芽留下1/3长度，其余摘去。

◈ 切芽（7月）

| 初春 | 约2周后 | 约1个月后 |

强势单头芽　**弱势单头芽**　切除

双头芽　切除

双头芽　**双头芽**

① 将弱势的单头芽从根部切除，保留强势单头芽继续生长。

② 弱势芽分化为双头芽，将强势的单头芽从根部切除。

③ 强势芽与弱势芽分化出的双头芽长度基本一致。

调整树的长势
控制叶的数量

　　到了9~10月份，由于实施了切芽操作，新芽已经萌出。这时候要进行限芽操作，以调整树木长势。如芽点萌发出3个以上新芽，只需保留2个，将多余的芽从根部摘除。长势较强的枝条，切除强势芽，保留弱势芽，以调整该枝条的长势。

　　11月左右，用镊子将枯叶与前年的老叶拔去。控制叶的数量，保持叶的鲜度，以确保通风状态，提高光的吸收率。芽较强壮、叶数较多的区域，将所有的老叶拔去；枝条基部等弱势部位，可适当留少许老叶。这样可以将树形修整得更加紧凑。

◆ 限芽（10月）

长出3个以上新芽时保留2个新芽

双头芽

切芽后将新长出的多余的芽切除，只保留两个新芽。

◆ 拔除老叶（11月）

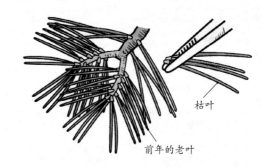

枯叶

前年的老叶

用镊子将枯叶与老叶拔去。

◆ 疏叶（12月）

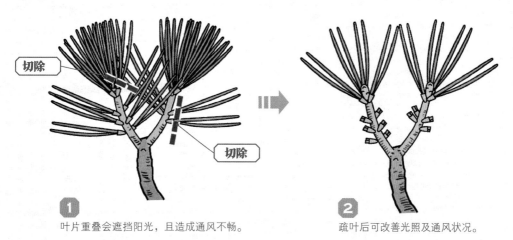

切除

切除

1 叶片重叠会遮挡阳光，且造成通风不畅。

2 疏叶后可改善光照及通风状况。

神枝·舍利干制作

神枝是指枯死硬化的枝条，舍利干是指枯死硬化的树干。它们都是采用人工方法剥除树皮，使木质化部位硬化呈白骨状，展现严酷的自然环境下，植物枯木逢春的沧桑感。这种制作方法在真柏、杜松等松柏盆景中广泛应用。

神枝与舍利干的制作，会严重影响树木的生长，多在天气转暖的2月下旬到3月上旬进行。这个时期植物的新陈代谢加快，切口愈合得更快。

了解了神枝和舍利干的制作方法和注意事项，即使是初学者，也可以尝试制作，但一定要赶在3月上旬之前制作完毕。

神枝的制作（2月下旬）

1 将枝干上部制作成神枝。首先切除叶片与侧枝，用钳子夹伤枝条顶端。

4 用金属刷或砂纸打磨枝条，将木质部外面附着的残留树皮除尽，并使木质化表面光滑而无毛刺。

2 活着的枝条很容易进行剥皮作业。将树皮由上往下一丝一丝地剥除。

3 用钳子细心夹取未剥除的树皮碎片，将剩余的树皮全部剥除干净。

完成后的神枝

神枝

54

◆ 舍利干的制作（2月下旬）

1 为了让神枝能够自然过渡，可将树干打造为舍利干。用三角刻刀削去树干上的树皮。

2 将树干上的树皮全部剥去，树木就会死去。因此，需保留一定量的树皮。要根据拟定的神枝走向在适当的部位进行剥皮作业。

3 三角刻刀无法深入的部位用小刀剥除。

神枝与舍利干的保护

神枝与舍利干制作完成后，将石灰硫黄合剂稀释，用毛刷涂于裸露木质部的枝干上。这样做不但可以防止木质部的腐朽，还可以使神枝与舍利干风干后的颜色更白。

完成后的神枝与舍利干

松柏盆景

神枝

舍利干

黑松《武藏》　新渡长方形盆　83厘米

黑松

粗犷洒脱的外表，有着王者般存在感。黑松在日本各地都有分布，是日本文化的象征。

树　名	黑松
别　名	雄松、男松
学　名	*Pinus thunbergii*
分　类	松科松属
树　形	直干 、双干 、悬崖 、斜干 、模样木

盆景制作·养护·管理年历

1月	2月	3月	4月	5月	6月	7月	8月	9月	10月	11月	12月
			换盆疏叶								
			摘芽		切芽						
蟠扎			施肥						施肥		

在幼苗时期就赋予树木独特的个性

造型后

蟠扎
通过将这根枝条向下弯曲，制作悬崖树形，赋予其独特的个性。

造型前

换盆
将树木制作成悬崖式，原盆的深度不够，需换用较深的方形盆。

　　黑松是日本松树的代表之一。因其刚毅强健的姿态，也被称作雄松。松针尖利且质地较硬，用手抚摸会有刺痛感。正如其名，黑松有着黑色纹路的树干，线条粗犷的树皮随着岁月沉积而不断剥落。因其耐受风吹与潮气侵袭，常被作为防风林种植于海岸地带，默默守护着陆地。

　　在这棵黑松的幼苗时期，因其树干基部短而充满造型感，结合其根盘的形态综合考虑，决定将其制作成悬崖式。黑松的树皮很容易剥落，所以不要过常触摸其树干部分。

松柏盆景

STEP 1 修剪

首先摘去老叶。将密集的叶片疏散，可以突出树木枝干的走向，也更利于后续蟠扎操作。

1 对朝下生长和重叠生长的叶片予以牵引，使其顺着适宜的方向生长。

蟠扎完成后的样子。主干与侧枝层次分明，树形的空间感较强。

重塑这棵树的主干。用较粗的蟠扎丝缠绕主干，根据预想的造型，对其进行调整。侧枝的方向也须做相应的调整。

STEP 2 蟠扎

! 小贴士

缠绕时蟠扎丝与枝条呈45°。

1 用双手将树干向下方弯曲。用手掌抵住蟠扎丝，慢慢加力弯曲。

2 蟠扎各侧枝。根据预想的整体树形，对各枝条进行微调。

制作枝干向盆下方伸展的悬崖式，需换用较深的方形盆。可根据根盘及其上方枝干的走向，选择适宜的盆器。

1 除去附着于根部的旧泥土，并将树木以预设的姿态放入盆中，然后在根与盆的间隙中填充种植专用土。

2 用竹筷子捣实间隙中的土。均匀充实的土壤能让树木更加稳固。

3 在盆面种植苔藓，并用剪刀仔细修剪，增添自然风情。

造型后

日常管理 Q&A

Q 摆放在什么位置？

A 黑松是喜光的植物，因此须摆放在日照良好的环境中。如果没有条件，也可摆放在半日照（半阴）环境中。根据不同的环境调整养护方法。

Q 如何浇水？

A 黑松喜湿，盆面干燥时就要马上浇水。每次浇水宜浇透，要浇到有水从盆底孔流出为止。

Q 如何施肥？

A 即使不施肥，黑松也可保持旺盛的长势，但在肥沃的土壤中生长得更好。雨水较多时，缓释肥会大量溶入土中，造成肥害，因此雨季要控制施肥量。

Q 几年换盆1次？

A 幼树2~3年换盆1次，成树3~4年换盆1次。

Q 要注意哪些病虫害？

A 主要预防蚜虫和松枯萎病。春季到秋季喷施3~4次杀虫剂。

松柏盆景

小林国雄的黑松《云龙》

2010年，小林国雄收藏了在日本盆景界赫赫有名的一个大型黑松作品。这棵黑松具有700年以上树龄，其干遒劲，枝条健硕，生气勃勃。

经小林国雄立意构思、修剪蟠扎后，作品臻于完美，气势不凡，如云如龙，取名为《云龙》。

2017年黑松《云龙》

2017年春花园中的黑松《云龙》

2017年参加日本盆景世界大会展览

2020年黑松《云龙》

扫二维码，
听小林国雄说《云龙》

改造前的黑松盆景

修剪

疏根

垫盆底基质

填充基质

铺盆面

换盆完成后浇水

换盆改造完成

《云龙》改造过程（铃木浩之供图）

五针松

与黑松一样，五针松也是松柏盆栽的代表植物，历史上的著名五针松盆景数不胜数。

五针松针叶纤细而紧凑。整棵树既有不屈的风骨，又充满了纤细之美。

树 名	五针松
别 名	姬小松
学 名	*Pinus parviflora*
分 类	松科松属
树 形	直干 、双干 、模样木 、悬崖 、文人木

盆景制作·养护·管理年历

1月	2月	3月	4月	5月	6月	7月	8月	9月	10月	11月	12月
		换盆	切芽							疏叶	
蟠扎										蟠扎	
					施肥						

改变枝叶布局，提升整体气势

造型后

修剪
剪去多余的忌枝。制作神枝，提升整体气势。

造型前

换盆
将树木从盆的正中心移开，营造空间感。

蟠扎
调整树形，使主干的走向清晰可见。

　　五针松粗中有细，其独有的魁梧身姿里，流露出纤柔的优雅之美。五支一组的针叶纤细紧凑，无论是做成直干、模样木还是文人木，都与这棵树的个性相契合。

　　本株将创作为模样木造型，以突出树干的优雅线条。去除忌枝、老叶，并根据预想的树形调整枝叶形态。蟠扎时依原树的枝干走向进行调整，将对树木的伤害降到最小。

修剪

1 用修枝剪将多余的枝叶剪去，减少树木的枝叶数量。同时剪去枝条上多余的老叶。

将忌枝、老叶及多余的芽点除去。在合适的位置制作神枝，提升作品的美感。

2 根据预想的树形，将不需要的枝条剪去，整理树顶的枝条，使其呈现优美的轮廓线。

3 在合适的位置将枝条剪短，并制作成神枝，展现树木的不屈傲骨。

用蟠扎丝缠绕树干与枝条，按照预想的树形进行调整。对枝条蟠扎时，一定要为周边的枝条预留位置，不要互相遮挡。

蟠扎

1 蟠扎时，要注意对关键部位加强固定。

修剪、蟠扎完成后，将枝头稍稍下压，制造被冰雪压弯的感觉。

2 蟠扎的顺序是从枝条基部往枝头缠绕，缠绕到枝头时用钢丝钳将多余的蟠扎丝剪断。

通过换盆，展现标准模样木的英姿。换盆的同时，根据树木线条与空间的平衡感，决定栽植的位置。

1 将树木从原盆中慢慢脱出，用根钩除去旧土。

2 将过长的根剪短，并剪去过于粗壮的根。

3 在种植专用土中加入碎竹炭，以提高透气性，防止烂根。

造型后

4 用盆底预留的金属丝固定植物根部，然后在表土上种植苔藓。苔藓可提升作品的立体感。

日常管理 Q&A

Q 摆放在什么位置？

A 五针松的叶较密集，故应该摆放在通风良好的位置。夏季要注意遮阴，避免暴晒。

Q 如何浇水？

A 春季和秋季发芽长叶期，应控制浇水的量。夏末开始可足量浇水。

Q 如何施肥？

A 春季到夏季停止施肥。9~11月每月施1次肥，让树木储存过冬的养分，但要控制每次施肥的量。

Q 几年换盆1次？

A 五叶松的根部生长缓慢，所以不用担心根系拥挤盘结，一般3~5年换盆1次。

Q 要注意哪些病虫害？

A 蚜虫、叶蜱，以及病原菌都会导致叶枯病，应定期喷洒杀菌剂预防。

松柏盆景

赤松　朱泥唇下三足花边盆　88厘米

赤松

柔软纤细的身躯，淡绿色的叶色，无不表现着赤松的优雅。
与被称作"男松"的黑松相对应，赤松也被称作"女松"。

树　名	赤松
别　名	雌松、女松
学　名	*Pinus densiflora*
分　类	松科松属
树　形	直干　模样木　悬崖　斜干　文人木

盆景制作·养护·管理年历

1月	2月	3月	4月	5月	6月	7月	8月	9月	10月	11月	12月
		换盆							换盆		
						摘芽·切芽			限芽		
蟠扎								蟠扎			
				施肥			施肥				

造型后

修剪
修剪过长或重叠的枝叶。

造型前

换盆
枝干弯曲盘旋，充满动感，因此要换用更加稳当的盆。

蟠扎
利用原树张牙舞爪的枝干，制作灵动活泼的形态。

在赤松的生长过程中，树皮会呈现出红色，随后形成像龟壳一样的形状并剥落。赤松与黑松都是在日本各地极受欢迎的树种。与黑松威武阳刚的造型相对，赤松的叶柔软修长，表现出一种灵动之美。

但是从盆景造型的角度来看，这棵赤松的外形个性过于强烈，难以驯服。与其试图弥补这一缺陷，不如将其塑造成文人木灵动洒脱的模样，让这份强烈的个性淋漓尽致地展现出来。

松柏盆景

修剪张牙舞爪的枝叶，将其整理成具有美感的形态。为了突显树干强烈的弯曲，应将其周围的侧枝剪去。

小贴士

这个夸张的弯曲是本作品的灵魂所在。

修剪完成的样子。
大幅度修剪枝叶后，树冠呈现清晰明朗的姿态。

1

除去忌枝，以及影响整体平衡感的枝条。

2

在适当的位置制作神枝，提升树木的沧桑感。

调整原本向上生长的枝条，赋予其生动的韵致。

用较粗的铜丝对枝干进行大幅度弯曲定型，再用铝丝缠绕，予以微调。

大师技艺

剥去树干弯曲处的树皮，并将附近的一小段侧枝制作成神枝，作品的沧桑感立现。

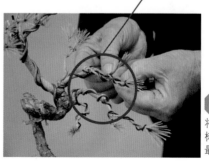

1

将这棵树最大弯曲处的树皮剥去，让树木经历最残酷的浴火重生。

这棵树另一个亮点是其裸露的根盘，可以提升树木的稳重感。可换用较浅的花盆，使根盘更加显眼；再辅以隆起的盆土及斑驳的苔藓，使作品呈现立体感。

1

仔细除去根盘上的土及根系周围的旧土，剪去过长的根。

2

因为盆器较浅，所以要用预留的金属丝将根部紧紧固定，防止树木移动。

3

填入盆土，直至盆面微微隆起，以托高根盘，随后在盆土上种植苔藓。

造型后

别具一格的文人木盆景完成

日常管理 Q&A

Q 摆放在什么位置？

A 摆放在日照及通风条件良好的位置。如果条件不允许，至少也要放置在半阴环境中。

Q 如何浇水？

A 需要促进生长的时候多浇水，需要控制生长速度的时候少浇水。赤松是一种较耐旱的树种。

Q 如何施肥？

A 赤松生长较快，平时应控制施肥量。枝条较多的情况下可以适当多施肥。

Q 几年换盆1次？

A 赤松比黑松生长得更快，因此换盆的频率更高。幼树 1~2 年换盆 1 次，成树 3 年换盆 1 次。

Q 要注意哪些病虫害？

A 注意防范引起松枯萎病的松褐天牛与松材线虫。春季到秋季，喷洒 3~4 次杀灭天牛专用的杀虫剂，并配合使用预防松材线虫的树干注入剂。

松柏盆景

日本紫杉　行山长方形盆　75厘米

日本紫杉

木质致密而坚固，有着赤褐色的肌理与茂密的枝叶。

树龄越老，越具有独特的风韵与神采。

树 名	日本紫杉
别 名	一位、水松、紫杉
学 名	*Taxus cuspidata*
分 类	红豆杉科红豆杉属
树 形	直干、双干、模样木

盆景制作·养护·管理年历

1月	2月	3月	4月	5月	6月	7月	8月	9月	10月	11月	12月
			换盆	摘芽							
蟠扎									蟠扎		
			施肥					施肥			

充分展现其树干的挺拔姿态

日本紫杉在全日本广泛分布，也常被作为园艺植物。其木质部有着美丽的赤褐色肌理，且质地坚硬，因此常被用于雕刻佛像及制造和式家具。因日本平安时代正一位阶官员的笏板才可以使用日本紫杉制作，故也被称为"一位"。

这棵日本紫杉还未改造时，其树干基部独特的造型就给人以深刻印象。而且它的树冠茂密，因此枝条众多。根据枝条的层次，剪去不需要的枝叶，使其繁而不乱。

修剪
将不需要的枝叶剪去，突出树木枝干的走向。

造型前

换盆
换用较浅的盆。根据树势，将树木种植在盆偏左的位置，营造空间感。

蟠扎
调整向上生长的枝条，使其横向伸展，创造更宽的树幅。

造型后

松柏盆景

将过密的枝叶剪去，使树干的走向清晰可见。根部盘结严重，要剪去部分根系，使树木地上部与地下部的比例平衡。

2 使用叉枝剪或根剪剪去粗枝。部分粗枝剪短后将树皮剥去，制作神枝。

1 用修枝剪将不需要的枝条剪去，并摘除过密的树叶。

为了得到茂密的枝冠，将侧枝蟠扎横向牵引，拉宽树幅。需要注意的是，蟠扎后日本紫杉较其他树种生长固定的时间要更久。

2 枝叶较为茂密，蟠扎时小心操作，不要缠绕到其他枝叶。

蟠扎完成后的样子。干净利落的蟠扎不仅美观，且对树木生长造成的影响更小。

1 树干不进行蟠扎，枝条的蟠扎丝须固定到对侧的枝条上。

STEP **3** 换盆

先将树木试放入盆中，根据盆内的空间决定修剪根系的量。然后将树木种在盆的偏左处，为向右斜的树干与向右侧伸出的侧枝预留更大的空间。

1 修剪完根部后用水仔细冲洗掉旧土，随后将树木植入盆中。用盆底预留的金属丝牢牢固定住根部。

2 填入种植专用土，用竹筷子或竹签将根部与盆之间的空隙捣实。

3 在盆面覆盖一层水苔，既提升作品的格调，又起到保护根部的作用。

造型后

日常管理 Q&A

Q 摆放在什么位置？

A 因为日本紫杉喜湿润环境，所以避免摆放在阳光直射的位置。一般摆放在半阴或半日照的地方。

Q 如何浇水？

A 日本紫杉喜湿，缺水会导致树木生长缓慢，抗病力下降，因此四季都要充分浇水，确保土壤湿润。

Q 如何施肥？

A 为维持树木常绿，需要多施肥。每年的春季与秋季是日本紫杉叶片的生长期，在此期间每月施用1次固体缓释肥。

Q 几年换盆1次？

A 一般为2年换盆1次。初春发芽前换盆，以减少对树木的影响。

Q 要注意哪些病虫害？

A 日本紫杉是对病虫害抗性较强的植物，但也要注意防治介壳虫。

松柏盆景

73

杜松《圣山》 古渡乌泥长方形盆 42厘米

杜松

细密而质硬的针叶组成浓密的树冠。因其出芽旺盛，故较其他树种成形更快。

树 名	杜松
别 名	刚桧、崩松
学 名	*Juniperus rigida*
分 类	柏科刺柏属
树 形	直干、模样木、悬崖、附石

盆景制作·养护·管理年历											
1月	2月	3月	4月	5月	6月	7月	8月	9月	10月	11月	12月
			摘芽			摘芽		摘芽			
		换盆									
					蟠扎						
			施肥					施肥			

按悬崖式改变树干与枝叶的走向

造型后

蟠扎
将树干大幅度向下弯转，
改变为悬崖式，制造虬曲
的沧桑之感。

造型前

换盆
因悬崖式需要，将盆换
为高盆。

　　盆景领域将所有刺柏属植物盆景统称为杜松盆景。杜松针叶质厚，坚硬且较为尖锐，在过去常被用于防鼠，故也被叫做"鼠刺"。其褐色的树皮呈纵裂状，并随着树龄增长自然剥落。杜松生长较快，从春季到秋季都会发新芽。

　　本棵杜松拟创作为具有沧桑感的悬崖式，可通过不停地摘芽作业，调整树木的生长方向及造型。再制作舍利干及神枝，让作品更具超凡脱俗之感。

松柏盆景

将树干大幅度向下弯转，制作悬崖式。为减小大幅度弯折对树木造成的伤害，先用纸胶带裹住较粗的蟠扎丝，再进行蟠扎作业。制作时先将蟠扎丝牢牢插入土中的根里，再向上缠绕树干。

2 蟠扎丝缠绕完毕后，用大拇指指腹抵住蟠扎丝，慢慢将树干向下弯曲，使树木呈预想的悬崖式。

3 选适当位置的枝条，将其剪短，剥去树皮，制作神枝，为作品增添超凡脱俗之感。

1 为了将树干向下弯曲，从根盘开始向上用较粗的蟠扎丝进行缠绕。用稍细的蟠扎丝蟠扎侧枝，为枝冠的生长预留空间。

修剪过于拥挤的枝叶。以预想的悬崖式为基准，将与整体树势走向相反的枝条剪去。

1 将与悬崖式树干走势相反的枝条剪去。

2 修剪过于密集的叶。剪刀无法操作的地方可用镊子拔除。

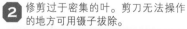

3 在蟠扎的同时，根据预想的造型，将不需要的芽点除去。

STEP 3 换盆

将树木移栽至较深的高盆中。根据盆缘下方的枝叶线条及树冠轮廓的平衡性，确定种植的位置与角度。最后在盆面种植苔藓，增添野趣。

1 填入种植专用土时，用竹筷子将根系与盆之间的空隙捣实，使树木种植得更加牢固。

大师技艺

用手指捏紧枝条，抵住蟠扎丝，慢慢进行弯折，这样不容易折断枝条。

2 再次调整树干的角度，等1年左右树木定形以后，再拆除蟠扎丝。

3 盆面种植苔藓，衬托出根盘的气势。

造型后

日常管理 Q&A

Q 摆放在什么位置？

A 摆放于光照及通风状况良好的位置。杜松耐热，但不耐寒，冬季要摆放在避风位置。

Q 如何浇水？

A 杜松喜湿，盆面干燥时就要马上浇水。每次浇水宜浇透，要浇到有水从盆底孔流出为止。夏季要预防缺水。

Q 如何施肥？

A 从4月到秋季都是植物的生长期，因为要经常摘芽，树木要补充更多养分，故每月施1次肥。夏季需控制施肥的量。

Q 几年换盆1次？

A 每3~4年换盆1次，换盆宜在气候转暖的4~5月份进行。换盆时须修剪根部，营造更大的生长空间。

Q 要注意哪些病虫害？

A 叶片干燥时容易生叶螨，注意定期喷湿叶片进行预防。如发现叶螨，可喷洒杀虫剂防治。

松柏盆景

桧树　海鼠凹饰唇口椭圆形盆　40厘米

桧树

桧树是日本原生的常绿乔木。自古以来，桧木就是一种高级的
建筑材料。其叶呈鳞片状，纤细而密集；树形雄壮，独具风姿。

树　名	桧树
别　名	圆柏
学　名	*Chamaecyparis*
分　类	柏科圆柏属
树　形	直干、斜干、双干、附石

盆景制作·养护·管理年历

1月	2月	3月	4月	5月	6月	7月	8月	9月	10月	11月	12月
		换盆									
						摘芽					
	蟠扎								蟠扎		
施肥					施肥						

疏叶，改善光照与通风，露出苍劲的树干

桧树树形雄壮，独具风姿，是一种高大的常绿乔木。其木材耐腐朽，纹路美丽，质地良好，是一种高级的建材。日本著名的古迹——奈良法隆寺的柱子就是用桧木制成。桧树树皮深灰色，呈条片状纵裂，古朴而苍劲；叶呈鳞片状，纤细而密集。用于制作盆景的树种一般为桧树的一个变种——石化桧。

桧树在人们心中是高大伟岸的。本棵桧树有着茂盛的枝叶，制作成最能表现其风姿的直干树形，使其更具沧桑感与古木感。因桧树生长旺盛，新芽萌发速度较快，故要定期摘芽，调整其生长方向。

修剪
通过疏叶，露出树干上纵裂的树皮，打造自然的古木感。

造型前

换盆
根据盆器大小，在其树下留出空白，立显其伟岸的形象。

造型后

松柏盆景

将多余的枝叶除去，使树冠内部通透，不仅有利光照的吸收，还可以改善通风，促进树木的新陈代谢。整理树形，将遮挡树干的侧枝除去。

1 用剪刀剪去部分新芽，制作具有自然感的树冠。

2 修剪多余的枝条。需要保留的枝条不可将叶全部剪掉，以免枝条枯萎。

3 在树木下部选择合适的枝条制作神枝，制造自然枯朽的模样。

剪去下部的侧枝，可增加树木的视觉高度感。再将遮挡树干的枝叶除去，露出树干部位纵裂的树皮，立显古木感。

大胆使用小一号的长方形盆，谨慎确定栽种位置，突显树木的高大与雄健的气势。最后在盆面种植苔藓，以展现自然风貌。

1

将树木栽种在盆中略靠左位置，右侧留白，立显其伟岸的形象。

2

在盆面一点点地种植苔藓。选择不同的苔藓与种植手法，使地面呈现出高低错落的感觉。

3

在树干基部周围用镊子耐心地种植浅色苔藓，模拟自然的光照效果。

大师技艺

在盆面铺种苔藓，可以增强盆景的表现力，为盆景树木增添岁月感。

日常管理 Q&A

Q 摆放在什么位置?

A 摆放于通风及光照良好的位置。夏季时避免午后西晒灼伤叶片，要适当予以遮阴。

Q 如何浇水?

A 桧树喜湿，盆面干燥时就要马上浇水。每次浇水宜浇透，要浇到有水从盆底孔流出为止。

Q 如何施肥?

A 4~10月份可施固体缓释肥。夏季要控制施肥的量。

Q 几年换盆1次?

A 幼树时期2年换盆1次，成树一般3年换盆1次。换盆一般在2~5月份进行。

Q 要注意哪些病虫害?

A 注意防治叶螨与天牛幼虫。经常给叶片喷水，保持叶片湿润，可预防叶螨。在天牛产卵期用防虫网覆盖树木，可防止天牛在树木表面产卵。

4 最后再次确认树干是否被遮挡，整理树形。

造型后

雄伟高耸的直干桧树盆景制作完成。用略小一号的盆栽种，更突显树木的高大。

杉树　行山唇口条足椭圆形盆　90厘米

杉树

日本原生的高大乔木，树形挺拔，直指苍天。其树龄可达千年，日本各地都可见到雄伟的巨型古杉树。

树　名	杉树
学　名	*Cryptomeria japonica*
分　类	松科杉属
树　形	直干、双干、一本多干

盆景制作·养护·管理年历											
1月	2月	3月	4月	5月	6月	7月	8月	9月	10月	11月	12月
	换盆				摘芽					疏叶	
蟠扎											蟠扎
			施肥					施肥			

造型后

蟠扎
从根盘开始，矫正弯曲的树干。

造型前

换盆
使用较浅的方形盆，留出大量空间，营造气势。

杉树种植历史悠久，在日本各地都有杉树林。杉木是重要的建筑材料之一。其挺拔的树干直指苍天，充满雄伟庄严的气魄；红褐色的树皮呈细长条纵裂，叶茂盛，形态细密短小。

本树从根盘开始向一边倾斜，通过蟠扎将树干扶直。枝叶多且杂乱，须予以修剪调整。因为还是树龄较小的幼树，故要根据未来预想的树形，一点点慢慢地进行改造。

松柏盆景

STEP 1
修剪

原树的枝叶过于茂盛，遮挡住了树干。减少枝干的数量，将最能够清晰展现树干走向的一面定为正面，然后确定侧枝的走向。

 将忌枝除去，营造树木的高低层次感。修剪枝条，让枝条之间保持一定的距离。

小贴士

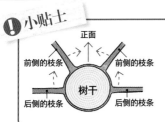

正面

前侧的枝条　　前侧的枝条

树干

后侧的枝条　　后侧的枝条

留下轮枝处较靠后侧生长的枝条，以增强作品的立体感。前侧的枝条太多会破坏整体平衡，将其剪去，这样后侧的枝条在变粗后会渐渐朝前侧聚拢，到达理想的位置。

2 拔除多余的叶，让树干的走向清晰可见。

STEP 2
蟠扎

从根盘处开始对树木进行整体蟠扎，矫正其姿态，并从第一枝开始按从低到高的顺序对侧枝进行蟠扎。

1 根据枝条的粗细，选择合适的蟠扎丝。在需要蟠扎的枝条附近，将蟠扎丝缠绕在合适的枝条上，然后再对需要蟠扎的枝条进行蟠扎。

枝叶呈上尖下宽的三角形，树干走向清晰可见。整棵树木呈现雄伟庄严的气势。

2 蟠扎的同时对整体树形进行修整。

STEP
3
换盆

将树木移栽至较浅的长方形盆中。杉树的根系强劲，换盆时要予以修剪。

！小贴士

因表面覆盖有苔藓和富士沙，平时要让盆景保持水平，防止倾斜，以免盆面的装饰物掉落。

1 用盆底预留的金属丝将树木的根部牢牢固定住。

2 用多种苔藓和富士沙装饰盆面，使其富有变化。

造型后

浅长方形盆中挺拔的杉树与左侧留白形成和谐之美。

日常管理 Q&A

Q 摆放在什么位置？

A 杉树较耐阴，但在光照及通风较为良好的位置可旺盛生长。夏季应避免阳光直射和西晒。冬天注意防冻，将其移至屋檐下。

Q 如何浇水？

A 夏季高温时期与干燥季节要防止树木缺水。

Q 如何施肥？

A 杉树喜肥，但施肥过多会导致枝叶徒长，破坏树形。生长期与过冬前每月施一次固体缓释肥。

Q 几年换盆1次？

A 2~3年换盆1次。换盆时将较粗的根除去，栽种在浅盆中，根系会向四面八方扩张。

Q 要注意哪些病虫害？

A 病菌传播会导致叶枯病的发生，枝叶呈现红褐色的病斑，应定期喷洒杀菌杀虫剂预防。保持叶片湿润，可预防叶蝉。

松柏盆景

真柏　古渡乌泥长方形盆　104厘米

真柏

真柏流线型的树皮充分展现出大自然的严酷，这是它最大的魅力。既有水线又有舍利干，生与死交织于一体的树木姿态，令人叹为观止。

树　名	真柏
别　名	偃柏
学　名	*Juniperus chinensis* Var. *sargentii*
分　类	柏科圆柏属
树　形	模样木、曲干、斜干、悬崖

盆景制作·养护·管理年历

	1月	2月	3月	4月	5月	6月	7月	8月	9月	10月	11月	12月
换盆		换盆										换盆
蟠扎		蟠扎					摘芽				蟠扎	
施肥					施肥				施肥			

制作神枝与舍利干，展现向死而生的精神，体现生命的尊严

造型后

修剪
枝叶长短不一，树形混乱。
应对其进行修整，让树干的
走向清晰可见。

造型前

蟠扎
通过蟠扎打造侧枝枝
冠，调整树形。

真柏被誉为"真正
的柏树"。在山地广为分
布，其树皮布满亮褐色的
水线，枯朽的枝干白骨化
后形成神枝与舍利干，充
分展现出自然的严酷与生
命的尊严。其短而交叉轮
生的针叶颇具特色。

真柏生命力极强，
可耐受残酷的形态改造，
非常适合于制作神枝与舍
利干。褐色的树皮线条流
畅，可将枝干进行扭旋，
以呈现出古树的岁月感。

松柏盆景

STEP 1 修剪

原树的枝叶杂乱，大胆地对其进行修剪，直到可以看到树干的走向，这样也更利于下一步的蟠扎。

1 从多个角度确认树木的姿态，按从低到高的顺序，修剪掉多余的枝叶。

2 将交叉的小枝条与老叶除去，并摘除生长后可能会破坏树形的新芽。

STEP 2 制作神枝

真柏的木质部坚硬，不易腐烂，可以呈现出独特的风貌。根据树木的姿态，在合适的位置制作神枝与舍利干。

1 剪去多余的枝叶，将树干上端的枝条制作成神枝。先用钳子夹枝条，破坏表皮。

2 从上往下用钳子剥除树皮。

大胆对枝叶进行修剪，显露出树干走向。将树干上端的树皮剥除，露出白色的木质部。

STEP 3 蟠扎

将枝叶整理完成后，根据整体树形，逐枝对主枝和细枝进行蟠扎，打造枝冠。

1 对向上翘起的第一枝进行蟠扎，调整其角度，让枝冠呈水平状。

2 蟠扎枝条时，应将蟠扎丝的另一头缠绕固定在与该枝条粗细相当的附近枝条上。

3 将树皮剥除干净后，用刷子或砂纸将树干打磨光滑。

直指天空的神枝（天神枝）与舍利干制作完成，表现出大自然的风吹雨打给树木烙下的沧桑感与岁月感。

小贴士

在制作舍利干时要注意保留部分吸水线（树皮部分），避免树木枯死。

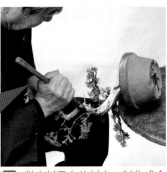

4 削去树干上的树皮，制作成舍利干。注意舍利干与上部神枝的线条走向要一致，要具有整体感。

89

将树木从原盆中取出，除去板结的土壤，并修剪过长的根。移栽完成后，在盆面种植苔藓。

1

将树木倾斜一定角度放于盆中，用盆底预留的金属丝将根部牢牢固定住。

2

填入种植专用土，将固定根部的金属丝完全埋住。用竹筷子将树木根部与盆之间的土捣实。

3

根据树干基部的形态，对舍利干的造型进行微调，并在盆面铺种苔藓。

4 细心栽植苔藓，一些位置特意露出土壤，营造自然的野趣。

造型后

日常管理 Q&A

Q 摆放在什么位置？

A 摆放在光照及通风条件良好的位置，半日照或半阴状态下树木也可正常生长。

Q 如何浇水？

A 根据树木的生长速度而确定浇水量。要让树木快速生长，就要多浇水；要让树木缓慢生长，就控制浇水量。真柏是一种较耐干的植物。

Q 如何施肥？

A 真柏的根部生长旺盛，施肥过多，2~3年就会造成根部盘结。应根据其生长规律，调整施肥量。

Q 几年换盆1次？

A 根部盘结会造成真柏生长停滞。当出现水很难渗入土壤的状况时，就要换盆了。

Q 要注意哪些病虫害？

A 为预防蚜虫与叶螨，从春季开始一直到秋季，喷施3~4次杀虫杀菌剂。经常向叶片喷水，保持湿润，可预防叶螨。

杂木盆景

促发更多细枝

　　春天新芽萌发时，对枝叶进行修剪，每根枝条只留一两片叶，并将枝头的顶芽摘除。这是促发细枝梢的秘诀。新芽萌发后进行摘芽，可增加侧芽的数量，促进形成更多分枝。

　　多次摘芽，可均衡叶片的大小。初夏叶片基本定形后剪叶。每片叶留下1/10的长度，其余剪去。剪叶可促进下一轮新芽的生成，最终分生出更多细小的枝条。剪叶约1个月后，树木枝叶生长较繁茂时疏叶，将过大的叶片剪去，使叶片间留有一定间隔，改善日照及通风状况。

　　另外，要经常检查有无徒长枝。如发现长势强劲的徒长枝，即沿树木的轮廓线剪去，以保持树冠的造型。

❖ 摘芽（4~5月）

将枝头的新芽摘去，并除去枝条上的大部分叶片，仅留1~2片即可。

❖ 剪叶（5~6月）

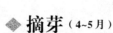

1 剪叶前根据预想的树木轮廓，修剪过长的枝条。

2 每片叶留下1/10的长度，其余剪去。

3 剪叶后可促进下一轮新芽的萌发，促生新枝。

❖ 疏叶（7~8月）

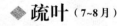

1 剪叶约1个月后，将过长的徒长枝剪去。

2 将过大的叶片剪去，使叶片之间有一定间隔。

落叶后的树形修整

秋末初冬这段时间，一般是树木的落叶期。落叶后的树木充满萧飒凄凉之美。此时应沿着树木的轮廓线，将过长的枝条剪短，以保持树形。

榉树、枫树及鸡爪槭等落叶树种，在落叶的同时，枝干内积蓄过冬的养分。为了延长自然落叶观赏期，应在落叶期前减少修剪。如需修剪，应及时止住切口处流出的汁液，减小对树木的伤害。

◈ 落叶后的管理·自然落叶

为更好地欣赏红叶，应让树木自然落叶。

自然落叶期过后，修剪时要及时止住切口流出的树汁。切口处树汁未干前，应停止修剪。

◈ 落叶后的管理·摘除叶片

在11月下旬将所有老叶摘除，然后在冬季进行一次强剪。

将老叶摘除，可促进枝条硬化，进入冬季后树木更耐修剪。

榉树　均釉长方形盆　45厘米

榉树

榉树的树干挺拔雄壮，树冠宽阔，气势恢弘。树木的风格跟随四季的更迭而变化，呈现出不同的美。

树　名	榉树
别　名	光叶榉
学　名	*Zelkova serrata*
分　类	榆科榉属
树　形	直干、多干、一本多干、卧干

盆景制作·养护·管理年历

1月	2月	3月	4月	5月	6月	7月	8月	9月	10月	11月	12月
		换盆		剪叶					疏叶		
蟠扎			摘芽·修剪								蟠扎
						施肥					

挺拔树干撑起如伞树冠，突显威武雄健气势

造型后

修剪
修剪不规则的树枝，使枝条整齐有序。

造型前

换盆
直干树形宜使用宽口浅盆，增强稳定感。

蟠扎
将枝条略微上抬，塑造伞状树冠。

杂木盆景

　　榉树是一种落叶乔木，常作为行道树在日本各地广泛种植。灰褐色的树皮较为平滑，随树木生长裂成不规则的薄片状并脱落。春季满树的新芽、秋季零落的红叶、冬季落叶后的纤细光枝，随着季节的变化，榉树呈现出不一样的美感。

　　本树将制作成榉树的天然树形，即树干从根盘开始笔直向上生长。丰富的侧枝将形成宽阔的伞状树冠。利用蟠扎，将枝条的角度上抬，表现大型乔木挺拔威武的气势。

根据预想的伞状直干树形，剪去多余的枝干。将树木从原盆中取出，除去过长的根，做好换盆前的准备。

1 分叉的粗树枝，可根据具体情况，留下或者剪去其中一个分支。

3 将不要的细枝剪去，使枝叶整体呈现秩序感。

2 除去根部的旧土后，将过长的根剪去。

大师技艺 定期对榉树摘芽，使其生长出细密的小枝。

根部整理完成后，将榉树垂直种植于较浅的椭圆形盆的中心，打造高大且稳定的天然榉树形态。

1 修剪掉多余的根，然后用盆中预留的金属丝将树木的根系牢牢固定住，再填入种植专用土。

要塑造伞状的树形，需对枝条进行蟠扎，将其角度向上抬。经过定期摘芽，树木生长出细密的小枝，形成如倒立笤帚一样的造型。

1 即使是细小的枝条，也要用粗细合适的蟠扎丝小心将其缠绕，并向上抬。

这棵树有树瘤和分叉的树干。通过蟠扎改变树木方向，将其从观赏面的视野中移开。

造型后

日常管理 Q&A

Q 摆放在什么位置？

A 摆放在日照、通风条件良好的位置。日照不足会造成枝条徒长，破坏树形。

Q 如何浇水？

A 每天足量浇水。叶片变为褐色就是缺水的标志，要增加浇水的频率。

Q 如何施肥？

A 夏季开始至秋季1个月施肥1次。秋季施肥可使枝叶生长得更加茂密。

Q 几年换盆1次？

A 幼树1~2年换盆1次，成树一般2~3年换盆1次。换盆时将过粗的根剪去，可均衡各枝叶的生长速度。

Q 要注意哪些病虫害？

A 每年冬季喷施杀菌杀虫剂，新芽萌发时要防治蚜虫。

杂木盆景

鸡爪槭《清玄》　和风椭圆形盆　53厘米

鸡爪槭

鸡爪槭是日本秋季的象征，有着高贵的气质。秋季叶片变红，色彩明媚，华美至极，其他季节也各有不同的风情。

树　名	鸡爪槭
别　名	红叶、柳叶枫
学　名	*Acer palmatum*
分　类	槭树科槭属
树　形	斜干、模样木、一本多干、悬崖

盆景制作·养护·管理年历

1月	2月	3月	4月	5月	6月	7月	8月	9月	10月	11月	12月
		换盆		换盆		疏叶					
		摘芽			剪叶				修剪		
				施肥					蟠扎		

塑造突显树木魅力的树形

修剪
根据树势走向，将树木调整为左侧势，并剪去多余的枝条。

造型前

蟠扎
对全树进行蟠扎，制造自然的树势。

造型后

"红叶"一般指的是槭属阔叶落叶树，在盆景领域一般指有深裂掌状叶片的鸡爪槭等树种。秋意渐浓时，其叶色艳如花，灿烂如霞，树干历经岁月蚀刻而充满古意，这就是鸡爪槭独特的魅力所在。

此棵树根盘虬劲，左侧势更能展现其魅力。通过蟠扎，将侧枝顺着树势弯折，塑造自然柔美的树形曲线。

① 根据树形的特点，调转树木方向，改为可展示其道劲根盘的左侧势。

② 根据调转方向后的树木前背面与枝条走向，确定需要剪去的枝条。

调转树木方向，改变为左侧势。除去徒长枝及多余的枝条，并将破坏树形美感的树瘤等切除。

③
剪去徒长枝及多余的枝条。

将调转过方向的树木，根据盆景的前背面原则进行蟠扎矫正。较粗的蟠扎丝先用纸胶带裹住，再缠绕树干，起保护树木的作用。

① 将蟠扎丝插入土中，然后慢慢向上缠绕伸出的枝条，动作要轻，避免折断枝条。

② 弯曲角度较大的树干要缠绕两根蟠扎丝进行固定。为了避免因树木生长导致蟠扎丝嵌入树皮，应在蟠扎固定3个月左右将蟠扎丝拆除。

修剪与蟠扎后的样子。树势自然柔美，从正面欣赏毫无违和感。

将树木移至与悬崖式相得益彰的六角花盆中。种植时略微前倾，制造空间感。

1

根据盆器的大小，修剪根部。用盆底预留的金属丝将根部固定。

2

一手按住花盆，另一手拿竹筷子将根与盆边的间隙捣实。

3 在根盘周围种植苔藓，营造自然风貌。

造型后

日常管理 Q&A

Q 摆放在什么位置？

A 将鸡爪槭置于半阴且通风良好的位置。

Q 如何浇水？

A 鸡爪槭喜湿，盆面干燥时就要马上浇水。每次浇水宜浇透，要浇到有水从盆底孔流出为止。

Q 如何施肥？

A 修整树形时期多施肥，以增加叶量，加快枝干硬化速度。树形修整完毕后要减少施肥，保持树形。

Q 几年换盆1次？

A 为保持枝条纤细形态，可适当延长换盆间隔。一般2~3年换盆1次。

Q 要注意哪些病虫害？

A 出芽时期应防治蚜虫，发现时使用杀虫剂杀灭。秋季易得白粉病，可提前喷洒杀虫杀菌剂预防。

杂木盆景

缩缅葛　均釉八角形盆　57厘米

缩缅葛

缩缅葛纤细的枝条上生长着一丛丛细密的小叶片。秋天，满树的红叶尽显秋意。

树　名	缩缅葛
别　名	小叶络石
学　名	*Trachelospermum asiaticum* 'chirimen'
分　类	夹竹桃科络石属
树　形	模样木、悬崖

盆景制作·养护·管理年历

1月	2月	3月	4月	5月	6月	7月	8月	9月	10月	11月	12月
				换盆							
						摘芽·剪叶·修剪					
			疏枝								
	蟠扎										
	施肥							施肥			

根据树干走向确定盆景的正面，并依此修整树形

缩缅葛是夹竹桃科藤蔓植物络石的一个品种。其叶片细密，极其适于制作盆景。缩缅葛为藤蔓植物，有较长的主干，且细枝密集，可塑性较强。秋季可让人欣赏到绚丽的红叶，这是它最大的优点。

将此树长短不一的枝条做初步修剪，之后根据树干的走向，确定盆景的正面，并依此塑造树形。缩缅葛的枝条具有良好的韧性，且不易折断，但蟠扎定型需要耗费更多的工夫，树干增粗也需要更长时间。因此，制作缩缅葛盆景不可急于求成。

修剪
根据整体树形，将突兀的枝条与重叠的枝条除去。

造型前

换盆
树木为右侧势走向，定植时应给右边留出更多空间。

蟠扎
将粗壮的第一枝横向牵引，树木的个性立现。

造型后

杂木盆景

STEP 1 修剪

除去多余的枝叶，突出树干的走向。根据树干走向确定盆景的正面，蟠扎时根据树干的走向构思。

1 根据树干的走向确定盆景的正面，随后决定需要蟠扎和剪除的枝条。

2 将不需要的枝条与老叶除去，让枝条走向更加清晰，整理出大概的树形。

修剪完毕后，树干走向优美的正面观。右边最下方的树枝为第一枝。

STEP 2 蟠扎

将这棵树灵魂所在的第一枝，小心地向下压平。从蟠扎到定形需耗费较长时间，要耐心等待。

1 根据第一枝的粗细，选择合适的蟠扎丝进行蟠扎。

2 如何用尽量少的蟠扎丝，将蟠扎的效果做到最好，这是必须考虑的问题。

横向牵引的第一枝，使这棵树呈现出独特的个性。

本树为右侧势，故要栽植在盆的靠左边位置，这样可使树木整体位于视野正中，表现出优美的线条与留白。

1 如果树木较难从原盆中分离，可用竹筷子捣松周围的土壤。

2 仔细除去旧土，将向下生长的粗根和过长的根剪短。

3 将树木定位于盆的略靠左侧，为第一枝与盆面间留出空间。然后用预留的金属丝固定根部，填入种植专用土，最后在盆面覆盖一层水苔。

造型后

日常管理 Q&A

Q 摆放在什么位置？

A 生长期应摆放在日照条件良好的位置，换盆后摆放在半阴位置。

Q 如何浇水？

A 夏季早晚各浇1次水，每次浇水宜浇透，要浇到有水从盆底孔流出为止。冬季控制浇水量，保持盆土不要太干燥即可。

Q 如何施肥？

A 缩缅葛喜肥。剪叶后新芽增加，树木进入生长期，要为其补充养分，1个月施肥1次最佳。

Q 几年换盆1次？

A 因为枝叶纤细茂盛，所以根部最好生长得密集一些。建议每3年换盆1次。

Q 要注意哪些病虫害？

A 新芽萌发期注意防治蚜虫。除蚜虫外，其他病虫害较少。

杂木盆景

络石　广东釉正方形盆　71厘米　几架　紫檀根雕方几

络石

络石是一种藤蔓植物，有着柔软的树干。初夏时全树开满芬芳的淡黄色花朵，耀眼夺目。

树　名	络石
别　名	定家葛、万字茉莉
学　名	*Trachelospermum asiaticum*
分　类	夹竹桃科络石属
树　形	风吹、悬崖、斜干

盆景制作·养护·管理年历

1月	2月	3月	4月	5月	6月	7月	8月	9月	10月	11月	12月
				换盆							
蟠扎				修剪							蟠扎

极具动感的风吹造型

络石是一种藤蔓植物，枝干柔软，靠气根攀附于其他的物体表面生长。关于络石，还有一段凄美的爱情故事：歌人藤原定家死后，化身为络石，盘绕于他爱慕一生的式子内亲王墓前。因此，络石也被称为定家葛。因其藤性良好，攀附能力强，常作为地被种植，以供观赏。初夏开满淡黄色小花，气味极为芬芳，惹得众多的园艺爱好者种植。

络石枝条柔软，用于制作盆景，常塑造成悬崖式、风吹式等造型。芬芳的气味配合柔美的造型，如同婀娜多姿的舞者。这棵树将顺着原先的左侧树势，通过修剪及蟠扎，打造为极具动感的风吹式造型。

修剪
修剪突兀的枝条，整出树形的基本轮廓。

造型前

蟠扎
对全树进行蟠扎，制作风吹式。

造型后

根据预想的左侧势树形，剪去枯萎的枝叶与多余的枝叶。因其散发迷人的香气，所以适于塑造美人般婀娜多姿的造型。

1 将最右侧与树势相背的粗枝从根部剪去。

2 剪去与树势相背的枝叶、枯萎的枝叶，整理重叠的叶片，使其整齐有序。

3 络石的切口愈合性较差，容易形成树瘤，修剪后立即涂上愈合剂。

切口易形成树瘤的树种

切除枝条后，树木出于自我保护的本能，切口外侧的树皮开始膨胀，最后堵塞住切口，形成瘤状愈伤组织。络石与长寿梅都属于这类植物。因此，在完成切除作业后，要涂上愈合剂。愈合剂可促进伤口愈合，防止树皮膨胀。涂得越及时，效果越好。

在金豆的切口处涂布愈合剂。

心里幻想着植株潇洒飘逸、满开鲜花时的样子。利用蟠扎，将树木塑造成狂风吹过后的状态。

1 随着树势，从底部侧枝开始蟠扎。如树干的造型保持不变，不用蟠扎。

2 根据枝的粗细选择合适的蟠扎丝，一直缠绕至枝稍。顺着左侧势树形，向左弯曲。

3 根据整体造型需要进行微调。络石的枝条柔软，弯曲容易，但固定较难，需要进行多次调整。

造型后

日常管理 Q&A

Q 摆放在什么位置?

A 摆放在只有上午晒得到太阳的半阴处，即可旺盛生长。因其叶片容易被阳光灼伤，应避免夏季阳光暴晒。

Q 如何浇水?

A 络石喜湿，盆土表面干燥时就要马上浇水。每次浇水宜浇透，要浇到有水从盆底孔流出为止。缺水会导致叶片掉落，应经常朝叶片喷水，以防止叶片干燥。冬季可减少浇水量。

Q 如何施肥?

A 基本不需要施肥。生长较差的情况下，可适当施液肥。

Q 几年换盆1次?

A 因其生长旺盛，为预防根部盘结，1年换盆1次。换盆前须将藤蔓剪短。

Q 要注意哪些病虫害?

A 易感染蚜虫与介壳虫。如发现，应立即采取驱虫措施。

杂木盆景

突出树干

豆腐柴

豆腐柴与枫树毫不相干。它的叶片会散发出独特的气味。春季萌出的嫩芽与秋季的红叶都别具特色。

修剪
除去遮住树干线条的侧枝。

造型前

造型后

换盆
通过换盆,改变树干角度,强化树干的美感。

树　名	豆腐柴
别　名	麝香枫、腐婢树
学　名	*Premna japonica*
分　类	唇形科豆腐柴属
树　形	模样木、文人木、悬崖

盆景制作·养护·管理年历

1月	2月	3月	4月	5月	6月	7月	8月	9月	10月	11月	12月
		换盆		摘芽				摘芽			
						剪叶					
					施肥						

枝叶繁茂的样子

在日本，这种植物叫"臭枫"，也叫"麝香枫"。因其叶片散发出类似胡麻的独特气味而得名。虽然叫"枫"，但这种植物和枫树却不属于同一类别，它是唇形科的落叶灌木。其特征与枫树相似，都有着较小型的叶片，在秋季都可以欣赏到美丽的红叶。

仔细观察这棵树，它的树干走势富有个性，可惜被侧枝遮挡住了。将遮挡住树干的侧枝除去，树干曼妙造型就展现出来了。

STEP

1

修剪

将遮挡住树干的侧枝除去，突显其富有个性的树干造型，并根据树干造型修整树形。

1 将向前突出的侧枝从根部剪去。

2 将向背面生长的过粗的侧枝除去，修整树木上部杂乱的细枝。

修剪完成时的样子。
除去多余的枝条，突出树干的造型。

杂木盆景

这棵树的树干垂直于地面，显得较为死板。通过换盆，将树干倾斜一定的角度，使根盘及树干更具美感。

1 将根部周围的旧土除去，剪去过于强势的根与长于盆面的根。

2 按预想的造型，将树木放入盆中，用盆底预留的金属丝固定住根部。

日常管理 Q&A

Q 摆放在什么位置？

A 摆放在日照条件良好的位置。树木状态较差时或休养期，应移至半阴位置。

Q 如何浇水？

A 豆腐柴较耐旱，但在施肥时期需要增加浇水的频率。

Q 如何施肥？

A 因树木生命力旺盛，只需少量肥料即可。可在树木生长方向的盆面相应位置，放置固体缓释肥。

Q 几年换盆1次？

A 幼树一般 3~4 年换盆 1次，成树 2 年换盆 1 次。

Q 要注意哪些病虫害？

A 日常养护基本无需担心病虫害。在树木状态较差时有可能感染介壳虫，发现时用刷子将其除去。

造型后

3 用竹签将盆与根部之间的土捣实。在露出的根盘四周种植苔藓。

大师工具

　　盆景制作的工具，应根据使用者的性格与习惯选用。在对某个工具非常熟悉后，还可以创造性地拓展其用途。

　　制作树干受伤开裂的斧劈造型时，可使用油锯。制作神枝、舍利干，一般可用雕刻刀、小刀或刷子。盆景制作必须胆大心细。

　　上佳的工具往往凝聚着前人的智慧与心血，让盆景制作如虎添翼，使用时要仔细琢磨，用心体会。这不也是盆景制作的一大乐趣吗？

油锯

威力强劲，是大刀阔斧地改造大型树木的树干、枝条时必不可少的工具之一。

神枝·舍利干的制作工具

①雕刻刀：制作神枝、舍利干时，用于削去树皮。
②各种刷子：剥除树皮后将裸露的枝干打磨光滑。
③小刀：雕刻刀无法深入的部位，用小刀处理。

根剪

力量强大，可用于切除粗枝、粗根及树瘤，也可用于剥除树皮。

川澄悦郎制修枝剪

继承了著名工匠川澄国治的手艺，盆景制作的至宝。它有着极佳的锋利度，不锈钢材质不易生锈，保养简单。

普通修枝剪

修剪细枝专用的修枝剪

灵动的露根让作品充满个性

梣树

日本原生落叶乔木，常被用于城市绿化。光滑的树干与小巧的叶片，给人一种清新凉爽的感觉。

修剪
修剪多余的枝条，让树形整洁。

造型前

造型后

换盆
移至圆形的盆中，展现露根的道劲感。

树	名	梣树
别	名	白蜡树
学	名	*Fraxinus japonica*
分	类	木樨科梣属
树	形	模样木

盆景制作·养护·管理年历

1月	2月	3月	4月	5月	6月	7月	8月	9月	10月	11月	12月
			换盆								
		修剪		修剪					修剪		
	施肥										

桪树在日本全境都有分布，常被作为城市绿化用树，其木材可作为建材使用。桪树可放养白蜡虫以取白蜡，故也称白蜡树。树皮光滑，呈灰褐色，叶片富有光泽。

　　这棵桪树的根部露出土面，十分生动，无论从任何角度看，都充满了动感。以露根为基调，开展修剪与换盆作业，将这种动感强化到极致。

露出土面的根部灵动。根据其造型修剪，并适当修剪根部。

转动树木，仔细观察，根据预想的造型，确定要修剪的部位。

2
将多余的枝叶剪去，让树形整洁。

3 将盘结的根部剪去，并除去旧土。

STEP 2 换盆

这棵树露出的根部充满动感，但有点过于强劲的感觉，略显突兀。换用圆形的盆，弱化其力量感。

1 将树木放入盆中，用预留的金属丝将其固定牢固。

2 在盆与根之间填入种植专用土，然后仔细清理根盘周围的余土。

将水苔泡水后拧干，铺于盆土表面。水苔可以抑制水分蒸发，防止盆土干燥。

日常管理 Q&A

Q 摆放在什么位置？

A 适合于摆放在通风明亮的场所，避免阳光直射。

Q 如何浇水？

A 盆土表面干燥时要马上浇水。每次浇水宜浇透，要浇到有水从盆底孔流出为止。

Q 如何施肥？

A 每年3月份用固体缓释肥追肥，其他时期基本不需要施肥。

Q 几年换盆1次？

A 2年换盆1次。一般在4~6月份天气转暖的时候实施换盆作业。因梣树是生长迅速的树种，如果发现有根部从盆底孔中伸出，也可以提前换盆。

Q 要注意哪些病虫害？

A 梣树不易发生病虫害，偶尔会生介壳虫或叶蜱。介壳虫可用刷子仔细除去，叶蜱可使用杀虫剂杀灭。定期疏枝疏叶，增强通风，可预防虫害。

造型后

盆器 ❶ 彩釉盆

　　彩釉盆分为青色系、红色系及黄色系等多种色系。除松柏盆景以外，其他盆景都可使用。用于观花盆景与观果盆景，彩釉盆可增添鲜花与果实的美感与鲜度。

　　这里介绍几个彩釉盆名品。生动优美的绘画，温润浓重的釉彩，历经岁月变迁，产生绝妙的变化，每件都是值得仔细玩味的艺术品。

　　盆景最深刻的内涵就是协调与品格。这些名品盆器本身就有着极高的品格，加上树木或花果的衬托，二者相得益彰。这也就是名品之所以为名品的缘故吧。

黄釉麒麟纹

唇口圆形盆（真葛香山作品）

9.5厘米×9.5厘米×5厘米

黄釉背景上嬉戏的两对青麒麟。盆景盆器中的传世之宝。

翠釉直角长方盆（平安东福寺作品）

37厘米×28厘米×16厘米

带圆角的长方形线条，映衬出翠釉精美绝伦的浓淡变化。

古九谷狮子画长方盆

9.5厘米×8.5厘米×8.5厘米

威武的狮子驻足于色彩丰富的风景中。

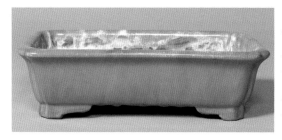

古渡均釉

唇口凹角长方盆

45厘米×29厘米×12.7厘米

在激荡的明治时期最负盛名的盆器，乡诚之助男爵的旧藏之一。

盆器 ❷土陶盆 →P131

南天竹　白色交趾烧花边花式圆形盆　50厘米

南天竹

作为一种瑞树，自古以来就深受人们的喜爱。在秋季，其修长的叶片变为红色，异常美丽。

树　名	南天竹
别　名	南天竺
学　名	*Nandina domestica* var. *capillarisa*
分　类	小檗科南天竹属
树　形	配植 、一本多干 、文人木

盆景制作·养护·管理年历

1月	2月	3月	4月	5月	6月	7月	8月	9月	10月	11月	12月
		换盆									
		修剪		蟠扎							蟠扎
					施肥			施肥			

调整树木的平衡度，呈现充满趣味的姿态

造型前

造型后

蟠扎
通过蟠扎，营造树木的协调感。

南天竹被人们认为是一种瑞树，常被栽植于庭院中，是一种深受人们喜爱的观赏树种。它是一种常绿小灌木，修长的叶片在秋季变为红色，异常美丽；冬季能结出红色的圆形果实，十分可爱。

将这棵树三枝又长又细且平衡失调的树干，通过蟠扎矫正。以"天、地、人"为主题，呈现高低错落的树干层次。最高的树干为"天"，其次为"地"，最矮的树干代表"人"。

杂木盆景

将三枝树干以"天、地、人"为主题进行蟠扎改造。为改善其平衡性，用双重蟠扎丝调整树干的高度。改造后的树木整体呈现出一种协调之感。

1 根据树干的粗细，选择合适的蟠扎丝，沿着树干从下往上缠绕。弯曲定形时可以稍微用力些。

2 剪去多余的叶片。较矮的树干叶片也很多，予以修剪，使其不互相遮掩。

根据树木整体的平衡，调整树干的高度。调整后，树木"天""地""人"显得协调。

造型后

日常管理 Q&A

Q 摆放在什么位置？

A 摆放在只有上午晒得到太阳的半阴位置。因其是常绿植物，秋季以后可摆放在光照条件良好的位置，让树叶变红。

Q 如何浇水？

A 盆土表面干燥时要马上浇水。每次浇水宜浇透，要浇到有水从盆底孔流出为止。夏季要避免缺水。

Q 如何施肥？

A 5~6 月每月施肥 1 次。10 月份施固体缓释肥。

Q 几年换盆1次？

A 2~3 年换盆 1 次。根部盘结会促使花果分化发育，每次换盆都要修剪根系。

Q 要注意哪些病虫害？

A 因南天竹一般在湿润环境中生长，容易出现介壳虫。发现时应立即用刷子仔细将其刷去。

观花盆景

第一要务是增加叶芽的数量

观花盆景以欣赏植物的花朵为主要目的。开花会消耗大量的养分，花期越长，消耗的养分就越多，植物的状态也就跟着衰弱。特别是较小的树苗或处于休养期的植物，应先将花芽摘去，使植物减少或停止开花，以免影响植物后续的生长。

像梅花等非常容易开花的植物，人们常常只重视花芽，不重视叶的养护。叶片不足的情况下，开花过多会过度消耗养分，导致养分供给不足，影响树木的健康。因此，可在春季枝条长出5~6片叶子后先剪叶，以促进新一轮叶芽的萌发。

剪叶后的枝条萌发了花芽，也应先将其除去，以免消耗养分而减少叶芽的数量。要以维持植物的养分供给，让其保持旺盛的生长势头为首要目标。

❖ 增加叶芽（5~6月）

叶柄

剪去

1 将枝条下端的2~3片叶子剪掉，只剩叶柄。

2 叶柄基部会萌发新的叶芽。

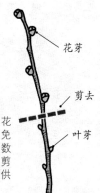

花芽

剪去

叶芽

3 剪叶后的枝条萌发了花芽，应先将其除去，以免消耗养分而减少叶芽的数量。将带花芽的枝条剪去，可加强叶芽的养分供给，促进分生小枝。

❖ 摘除花芽（9月以后）

花芽分化*后，将较大的芽（花芽）摘除。

*花芽分化：指新芽变为花朵或果实。

如何欣赏到更美的花朵

有了充足的叶芽，就会长出足量的叶片进行光合作用，以保证植物生长所需。此时，为了使花朵开得更多，就应该控制枝条的生长，增加花芽的数量。

增加花芽数量有两种方法。第一种是将树枝折断，以促进花芽的产生，这种方法叫做"折枝"。折枝只是将枝条折断，并未剪断，植株输送给枝条的养分不变，但消耗减小，这样容易形成更多花芽。

另一种方法是将开过花的枝条剪短，只留1~2个芽点。这种短枝条更容易分化出花芽。这种方法叫做"修剪花枝"。

花凋谢后，应及时修剪残花。如果不及时将残花剪去，则植株会进入结果阶段，给植株造成不必要的负担。

🌼 折枝

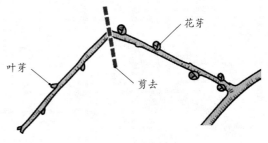

1 选取长势强劲的枝条，在2~3片叶片的位置上部折断。

2 折断后的枝条，靠近基部的位置会分化出花芽，残枝易分化出叶芽。当花芽长到一定大小，在折断的位置将残枝剪去。

🌼 修剪花枝

将开过花的枝条剪短，只留1~2个芽点。要增加这种更容易分化出花芽的短枝。

🌼 修剪残花

花凋谢后，及时将残花剪去，可减少结果对养分的消耗。

皋月杜鹃　如峰山　均釉椭圆形盆　72厘米

皋月杜鹃

花木盆景的代表性树种，有着众多的爱好者，且品种繁多，有许多不同的花色与树形。

树　名	皋月杜鹃
别　名	东洋杜鹃
学　名	*Rhododendron indicum*
分　类	杜鹃花科杜鹃花属
树　形	直干、双干、模样木、文人木、悬崖

盆景制作·养护·管理年历

1月	2月	3月	4月	5月	6月	7月	8月	9月	10月	11月	12月
			换盆		修剪残花				疏叶		
蟠扎		修剪		修剪				蟠扎			
	施肥				施肥						

修剪
将多余的枝叶剪去，
露出树干，打造整体
树形。

造型前

造型后

蟠扎
根据整体平衡
性，调整枝条的
角度，让树形充
满灵动感。

换盆
移栽时将角度稍微
倾斜，露出的根部
更具力量感。盆面
栽种苔藓展现自然
风情。

观花盆景

皋月杜鹃是原产于日本
的一种杜鹃花，因其花期所
在的五月也称皋月，因此得
名。皋月杜鹃常被作为庭园
绿化和城市绿化种植的一种
观花灌木，从日本江户时代
起就广为种植。其花朵有白
色、粉红色等多种颜色，人
工培育品种超过1000种。直到
现在也一直是花木盆景制作
中最为广泛使用的树种。

这棵皋月杜鹃根盘的造
型优美，将被制作成微型盆
景。先修整杂乱的枝叶，然
后根据预想的造型，蟠扎固
定3年左右。

STEP 1

修剪

这棵树是自然生长的状态，没有经过任何修剪。制作时先是通过修剪塑造树形轮廓，将多余的枝条剪去，并及时处理切口，使切口愈合得更快。

1 观察植株，根据预想的树形，将不需要的枝条剪去。

2 用叉枝剪或根剪将较粗的枝条剪去，然后立即在切口上涂抹愈合剂予以保护，这样可使切口更快愈合。

3 修剪上部较细的枝条。要注意，切除太多枝叶可能会导致植株枯死。

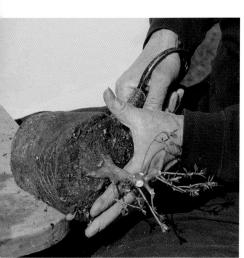

4 修剪根部。将旧土除去，然后剪去盘结的根。

5 根部修整完成后，用水仔细清洗，然后再次确认根部的状态。

6 剪去长势较强的根。如果修剪掉的枝叶较多，则根部修剪的量也要适当增加。

一般在修剪完成后进行蟠扎，打造树木的基本造型。这棵树根盘的造型优美，应先根据预想的方向，用盆底预留的金属丝将根部牢牢固定在盆中。然后根据根盘的方向，调整树木造型。

❗小贴士

用盆底预留的金属丝将根部牢牢固定在盆中。注意不要让金属丝露出土面，以免破坏美感。

1 根据根盘的方向，确定枝叶的走向。观察植株的各个方向长势后，根据整棵树的平衡感，进行蟠扎，弯曲枝条。

蟠扎完成后，再次确认植株的姿态，将植株略微倾斜后种于盆中，强化根盘的力量感。

1 填入适量的种植专用土，让根盘部分露出土面。

2 微调植株的姿态，让根盘更加稳固，枝叶的平衡性达到最佳。

3 在盆土表面种植苔藓。微型盆景更强调植株下半部分及盆面的美感。耐心调整，以达到最佳效果。

造型后

观花盆景

修剪
根据树木本身的根部造型，修整枝条的曲线。

造型前

造型后

蟠扎
通过蟠扎，让树木"弯腰低头"，在视线上与根部的曲线更加契合。

换盆
白色的花盆与粉红色的花朵相配，体现树木的万种风情。

露根是盆景的一种造型，让原本埋在土里的根部露出地面，使其虬曲粗犷的线条一览无余。露根表现的是自然界中的树木历经雨水冲刷，土壤流失，导致根部露出地表；随着岁月的变迁逐渐硬化，最终成为了树干的一部分。其造型表现了树木顽强的生命力，以及与大自然抗争的不屈精神。

这棵皋月杜鹃，根部虬曲缠绕，支撑着树干顽强地向天生长，力量感与跃动感并存。通过蟠扎，让树木"弯腰低头"，在视线上与根部的曲线更加契合。

STEP 1 修剪

本树造型的焦点在于巨大的露根。为了让这部分更加突出，应减少枝叶的量，并调整根部的造型。

1

将垂直生长的根除去，虽然降低了稳定感，但为树木增添了几分跃动感，还可以让作品更富有立体感。

2

从正面观察，将根部上方向右生长的侧枝剪短，并制作成神枝，起强调根部的作用。

在修剪枝叶和根的过程中，要随时确认植株整体的平衡性。
以树干基部的大弯曲为界，上部与下部的比例约为1：2。

STEP 2 蟠扎

本树的树干挺拔，指向天空，高耸伟岸，但有头重脚轻之感。用蟠扎的手法，让树木"低头弯腰"，使整株树木的线条更加和谐自然。

蟠扎后的样子。通过减少枝叶与根的量，强调根部的曲线，植株整体更富有动感。

1

根据枝条的粗细，选择合适的蟠扎丝进行蟠扎。整理枝条的形态，使其姿态与根部的走向更加契合。

2

将上方的枝条用蟠扎丝连在根部，并拉紧固定，使原本直立的树木向下弯曲。

大师技艺

在修整根部的时候，要敢于将垂直的根除去，以增加植株的动感。

将根部的旧土除去，剪去盘结的老根，然后移栽至可以体现植株动感的浅盆中。

1

将根部的旧土除去，再将过长的根部剪短。

2

种于盆中的状态。确认植株的位置，不断进行微调，直到把最美的姿态展现在人们面前。

造型后

日常管理 Q&A

Q 摆放在什么位置？

A 植株生长定形时期要放置在光照条件良好的地方。在植株成形之后，为了维持树形，可将其移至只有上午晒得到太阳的半阴处。

Q 如何浇水？

A 皋月杜鹃喜湿，但怕涝。一般使用排水性较好的土壤，并保持一定湿度。要避免发生干燥缺水的状况。

Q 如何施肥？

A 开花前的4月施肥1次，花谢后一直到10月，每个月施肥1次，施用固体缓释肥。肥料不足会造成枝叶枯萎。

Q 几年换盆1次？

A 皋月杜鹃的根又细又多，且根系较浅，栽种于浅盆中容易造成根部盘结。因此，一般每2~3年要换盆1次。

Q 要注意哪些病虫害？

A 皋月杜鹃易发生蚜虫与叶蟬等虫害，应定期喷洒杀虫剂进行预防。

3

固定好树体位置与角度后，填入种植专用土，再在盆面种植苔藓。用各种不同种类的苔藓进行搭配，让作品更具灵动性。

盆器 ❷ 土陶盆

　　质朴的土陶盆，与四季常绿的松柏是最佳搭配。朴素的土陶质感不仅突出了叶色，还富有厚重感。

　　泥土历经烧制后的纹理，变化莫测的色泽，这都是土陶盆令人陶醉的地方。根据土质和烧制工艺的不同，土陶盆可呈现出不同的颜色，按颜色可分为乌泥盆、红泥盆、朱泥盆、紫泥盆、白泥盆等多种类型。

　　这里介绍几种土陶盆名品。这些盆有着共同的特点：造型优美，胎土（作为原材料的土）使用考究，岁月沉淀出无以伦比的质感与气韵。

　　用这些盆器制作盆景，盆器与植物搭配浑然天成，具有极高的观赏性。

古渡绘白泥五彩山水画长方形盆
（杨季初作品）
31厘米×21厘米×12.2厘米

精挑细选的白泥上展示了一幅气吞山河的壮美画卷。

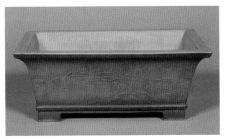

古渡白泥浮雕山水画唇口长方形盆
37.5厘米×23厘米×14.5厘米

用浮雕技巧展示的风景图，让人产生仿佛坠入云间般的朦胧感。

紫泥云龙纹切角唇口正方形盆
11.8厘米×11.8厘米×8.2厘米

如此小型的盆，竟能表现出万里长空中遨游的巨龙所带来的动感。

古渡红泥梨皮敛口矮足长方形盆
（"为善最乐"作品）
51.5厘米×25.5厘米×10厘米

"为善最乐"的名品之一，红泥盆器的巅峰之作。

盆器①彩釉盆→P117

栀子花　广东釉椭圆形盆　57厘米

6~7月开出直径5~10厘米的花朵

栀子花

带有馥郁芬芳的纯白花朵、光亮的叶片、橙黄色的果实……每个季节，栀子花都能给你带来惊喜。

树　名	栀子花
别　名	黄栀子、山栀
学　名	*Gardenia jasminoides*
分　类	茜草科栀子属
树　形	模样木、一本多干

盆景制作·养护·管理年历

	1月	2月	3月	4月	5月	6月	7月	8月	9月	10月	11月	12月
换盆												
摘芽												
剪叶												
蟠扎												
施肥								施肥				

栀子花在初夏时会开出纯白的花朵，馥郁的香气令人陶醉。其叶片呈椭圆形，革质，带有光泽，深秋时会结出形态独特的橙黄色果实。其花、叶、果都具有很高的观赏价值，常作为庭园植物栽种，在盆景中也很常见。

栀子花从冬天开始孕育花苞，直到夏天才绽放。含苞期越长，花香味越持久。栀子花的叶四季常绿，果实可入药，也可作为天然黄色染料。

这棵栀子花的枝叶与根系过于杂乱，应根据整体树形的平衡性将其修剪。

修剪
将过长与杂乱的枝叶剪去，露出树干。

造型前

换盆
将根部剪短，移栽至颜色与花色相配的盆中。

造型后

观花盆景

这棵树的树干基部造型可爱，但被过长的枝叶遮挡住了。通过修剪枝叶，让树干露出来，展现树干基部。

① 将过粗和多余的枝剪去。从各个角度观察盆景，确定其观赏面，然后以此为基准，对枝叶进行修剪。

将较粗的枝条剪去，在切口处涂上愈合剂。

② 原树向上生长的枝叶较为杂乱，予以修剪，使其简洁有序。

修剪完成后的样子。修剪后露出了树干，将树干基部有趣的造型展现在人们面前。

因为修剪掉了许多枝叶，根的数量也要随之减少。太多的根不仅会引起根部盘结，还会破坏植株的整体平衡。

1 根已经长满，连盆底网都被根缠绕住了。减少根的数量，然后仔细用水洗净。

2 较粗且长势旺盛的根会改变植株的生长方向，破坏树形，须将其除去。

3 填入种植专用土，再在盆土表面仔细种上苔藓。

日常管理 Q&A

Q 摆放在什么位置？

A 应摆放在日照、通风条件良好的位置。夏季须遮光，以免叶片被烈日灼伤。冬季移至室内或屋檐下。

Q 如何浇水？

A 栀子花喜湿，每天都需要浇水。夏季一般1天浇2次，防止植株干燥缺水。

Q 如何施肥？

A 施肥过多会导致挂果变少，要控制施肥量，或不施肥。

Q 几年换盆1次？

A 一般2年换盆1次，于4~5月进行。

Q 要注意哪些病虫害？

A 透翅蛾的幼虫会将全株的叶片吃光，如发现用筷子将其夹去。5~9月要定期检查盆土中有没昆虫的粪便。

观花盆景

因树形向左倾斜，所以将植株种在盆的偏右侧，营造一定的空间感。盆器选用深蓝色琉璃盆，可映衬出花朵的洁白无暇。

造型后

空间

野梅树（青干）《双龙》　海鼠釉椭圆形盆　87厘米

梅树

在春寒料峭之时绽放气质高雅的花朵，且植株姿态优雅，栽培历史悠久，因此深受人们的喜爱。

树　名	梅树
学　名	*Prunusmume*
分　类	蔷薇科杏属
树　形	直干、双干、斜干、模样木、文人木、悬崖

盆景制作·养护·管理年历

1月	2月	3月	4月	5月	6月	7月	8月	9月	10月	11月	12月
		换盆							换盆		
		修剪	蟠扎	疏叶							
						施肥					

柔美的曲线表现个性与沧桑

造型后

修剪
处理上部的枝叶，让树干与第一枝的柔美姿态能更加醒目地展现在人们面前。

换盆
调整植株的姿态，让植株与盆器之间更具平衡感、空间感。

蟠扎
通过蟠扎将枝条下压，制造向下弯曲的树木曲线。

观花盆景

　　梅树是日本在奈良时代从中国引入的树种。从那时起，这种美丽的花开了就意味着春天的到来，因此深受人们的喜爱。梅树分为赏花的花梅树与采收果实的果梅树，品种超过300个。其花气质高雅，树皮粗犷沧桑，富有古朴气息，是一种充满韵味的盆景树木。

　　本树有着个性十足的树干，通过改变枝条的角度，可展现树木的柔美姿态。其花色大红，应选用颜色与花色相配的盆器。

STEP 1 修剪

树干与第一枝的曲线浑然一体，成为作品的主线。基于此，应将上部多余的枝条剪去。

 根据植株的姿态及曲线，除去上部过于突出的枝条。

STEP 2 蟠扎·制作神枝

将第一枝及其侧枝全部进行蟠扎，并向下压，勾勒向下方伸展的线条。再制作神枝，提高作品的审美价值。

1 根据枝条的粗细，选择合适的蟠扎丝，从植株基部开始向枝头方向蟠扎。

2 将上部的枝条制作成神枝，表现历经风吹雨打而自然枯萎的样子。神枝要自然，不造作。

大师技艺

用钳子夹住树皮，并将其撕去，以模拟枯枝自然风化的样子。

3 将每条侧枝都向下压，注意力度，不要折断较细的枝条。最后将多出的蟠扎丝用钳子剪去。

将植株从旧盆中取出，除去根部的旧土，将长势过强的根除去，然后将其栽种于新盆中。

1 用根钩将板结的旧土耙松并除去，这样可以改善土壤透水性，也便于察看根部的生长状况。

2 将修剪过的根部用水仔细清洗，然后确认是否有长势过强的根；如有，将其除去。

3 将植株植入新盆。用盆底预留的金属丝牢牢固定住根部，再填入种植专用土。

4 填入土后，用竹筷子将盆与根之间的土捣实。因植株长势向右，所以植于盆的略左边。

造型后

日常管理 Q&A

Q 摆放在什么位置？

A 可摆放在日照与通风条件良好的位置。夏日须避免阳光直射。

Q 如何浇水？

A 梅树喜湿，盆面干燥时要马上浇水。每次浇水宜浇透，要浇到有水从盆底孔流出为止。

Q 如何施肥？

A 梅树喜肥，应勤施肥。缺乏肥料会导致花芽数量减少、枝条较细，甚至枯萎。从花谢后一直到 10 月，每月应施 1 次固体缓释肥。

Q 几年换盆1次？

A 幼树的生长速度较快，应每年换盆 1 次。成树一般 2 年换盆 1 次。

Q 要注意哪些病虫害？

A 梅树易发生蚜虫、叶蝉、介壳虫等虫害，易得白粉病、黑斑病等病害。可定期喷洒杀虫杀菌剂进行预防。

观花盆景

茶花

茶花充满了早春的气息。妩媚动人的花朵与带光泽的叶片，给人清新、鲜明的感觉。

树　名	茶花
别　名	山茶花
学　名	*Camellia japonica*
分　类	山茶科山茶属
树　形	模样木、悬崖、半悬崖

盆景制作·养护·管理年历											
1月	2月	3月	4月	5月	6月	7月	8月	9月	10月	11月	12月
		换盆				整枝				换盆	
						蟠扎					
		施肥			施肥			施肥			

曲线灵动的悬崖造型

造型后

造型前

蟠扎
使用较粗的蟠扎丝，将树干进行大幅度弯曲，制作悬崖造型。

观花盆景

　　茶花种植的历史悠久，在日本诗歌集《万叶集》中收录了许多与茶花有关的诗歌。茶花在东亚地区广泛分布，有红、紫、白、黄等各色品种，甚至还有彩色斑纹茶花。其植株形态优美，叶浓绿有光泽，花形艳丽缤纷，因而受到世界园艺界的珍视。

　　本棵茶花有着弯腰般的姿态，适合打造成灵动的悬崖造型。

先要用较粗的蟠扎丝对树干与侧枝进行蟠扎。为保护树干，可用纸胶带包裹蟠扎丝后再进行缠绕。

1 将蟠扎丝的一端插入根基土中进行固定，然后从根盘向上缠绕。

2 用蟠扎丝缠绕树干与枝条。粗蟠扎丝缠绕时要使用较大的劲，注意不要弄伤枝条。

3 两只手握住树干，慢慢用力将其弯曲。要顺着植株原来的生长方向进行弯曲，逆向弯曲容易折断树干。

4 蟠扎完成后，将植株浸入消毒药剂内，对全株进行消毒杀菌。

日常管理 Q&A

Q 摆放在什么位置？

A 应摆放在通风、日照条件良好的位置。夏季须遮阴，以免叶片被烈日灼伤。冬季应移至室内或屋檐下。半阴条件也可正常生长。

Q 如何浇水？

A 每日浇水。夏季每日浇水 2~3 次。冬季也要注意防止植物缺水。

Q 如何施肥？

A 在春、初夏及秋季施少量的固体缓释肥或稀液肥。土壤过肥会导致新根腐烂。

Q 几年换盆1次？

A 2 年换盆 1 次。因品种和花期不同而不同，一般在花期过后到来年萌发花芽之间的这段时间进行换盆。

Q 要注意哪些病虫害？

A 茶花常发生的病虫害有茶毒蛾幼虫、菌核病及一些病毒性疾病等，要定期喷洒杀毒杀菌剂进行预防。

浸泡消毒

冬季对植物进行消毒作业，有助于预防春季的病虫害。将植物浸泡入消毒药剂内，可避免喷药而让药液到处飞散。

造型后

水石世界

　　水石是为了让盆景造型更加丰满而在盆中摆放的奇石。水石以表现海岸断崖、山峰绝壁、深山幽谷等自然景观为主，可为盆景增添画面感。

　　水石可分为表现山川景色的山形石，表现瀑布景色的瀑形石，还有可以像池塘一样积存水的"聚水石"等。

　　摆放水石的要诀是其大小、形状、颜色及质感要与树木浑然一体，不显突兀。只突出水石而忽略了树木，或只注重树木而忽略了水石的做法，都需要避免。

　　盆景是将自然风景凝缩表现的一种艺术。善于利用水石，可以让作品的档次更上一层楼。

赤玉石与南蛮丸盆器、柿子树完美契合，远处为描绘雪山远景的挂轴。整体表现秋末冬初的萧瑟感。

佐治川石《秀平》
66厘米×17厘米×23厘米
右侧的山峰下是一望无际的平原，左侧是连绵的远方山脉，为欣赏者展现出辽阔的自然风光。

菊花石
23厘米×10厘米×18.5厘米
古老的化石让人联想到盛开的菊花。

加茂川卧牛石
14厘米×8厘米×9厘米
被称为"拟态石"，仿佛静卧水中的老牛。

佐治川石《须弥山》
40厘米×17厘米×26厘米
表现的是佛教经典中描绘的圣山——须弥山。这是大自然的鬼斧神工呈现出的奇特造型。

垂枝樱花　均釉花边盆　75厘米

樱花

樱花是日本的国花，是春季的一首风景诗。

全日本分布着无数的赏樱名地及樱花树名木。樱花盛开时节花繁艳丽，满树烂漫，如云似霞，蔚为壮观。

树　名	樱花
学　名	*Cerasus* spp.
分　类	蔷薇科樱属
树　形	斜干 、 模样木 、 文人木 、 悬崖

盆景制作·养护·管理年历

1月	2月	3月	4月	5月	6月	7月	8月	9月	10月	11月	12月
		换盆		摘芽				换盆			
				修剪						修剪	
蟠扎			施肥					施肥			蟠扎

当务之急是治病

造型后

造型前

修剪
除去树干上方又粗又长的侧枝。

蟠扎
将树干上较细的侧枝向下压，体现垂枝树木的风情。

换盆
将植株移至观赏性更好的盆中，调整植株位置，营造空间感。

对于日本人来说，最让心灵震撼的一件事，莫过于目睹一阵风吹过，樱花雪片般地从树上飘落而下的情景。那是何等的悲壮，何等的凄艳，又是何等的富有生命的气息……日本人认为欣赏樱花的最佳时机不在樱花盛开之时，而在樱花开始凋谢的瞬间。在樱花凋零的瞬间欣赏一种残缺的悲怆之美，让心灵感受强烈的震撼，这才是美的极致，欣赏花的至高境界。从北海道到冲绳，随处可见樱花树，除了最常见的"染井吉野"这一品种，还有许多其他品种。

本棵樱花是垂枝系品种。将树干上方较粗的侧枝剪去，突显树干曲线的灵动之美。根部有些地方发现病变，应立即着手治疗。

观花盆景

为了展现树干优美的曲线，应剪去多余的枝条。选择合适的枝条制作神枝，增添凄美风情。

1
用钳子或根剪剪伤树干正面的树瘤，并制作成神枝，增添植株的凄美感。

2
用根剪将树干上方影响造型的粗枝剪去。

STEP
2

蟠
扎

将树干弯曲造型最美的位置定为正面，然后将下方的枝头下压，打造树木的垂枝姿态。

1
韧性较强的细枝可用两根蟠扎丝蟠扎固定。注意不要缠绕得太紧，以免伤害枝条。

② 樱花生长速度较快，随着枝条增粗，太细的蟠扎丝容易嵌入树皮，故应选用较粗一些的蟠扎丝。

换盆时注意到盆土已经板结十分严重，故用根钩将旧土耙松并除去，随后修剪掉多余的根。另外还发现根部有几处病变，立即进行处理。

切除的患部。这是蔷薇科植物普遍易得的根瘤病，会严重影响植物的生长。

1 将瘤状的根部病变切除。每次换盆的时候都要确认根部的健康状态。

2 为防止病原菌从切口进入植物体内，根部修剪完应浸入消毒液中消毒。

3 用盆底预留的金属丝将根部固定牢，然后将植株调整至新盆的偏右侧位置，营造空间感。

大师技艺

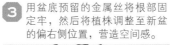

换盆时，将活性炭切碎拌入土中，可起到净化土壤的效果。

造型后

日常管理 Q&A

Q 摆放在什么位置？

A 樱花喜阳，也耐半阴，生长期应摆放在光照充足的位置，梅雨季节过后可摆放在半阴位置。

Q 如何浇水？

A 樱花喜湿，盆面干燥时就要马上浇水。每次浇水宜浇透，要浇到有水从盆底孔流出为止。

Q 如何施肥？

A 保持土壤肥力可增加开花数量。除了梅雨季节与夏季，从花期后一直到10月，应每月施1次有机肥。

Q 几年换盆1次？

A 樱花喜肥沃土壤，因此根部生长较旺盛，每年都需要换盆1次。

Q 要注意哪些病虫害？

A 预防蚜虫、叶蝉、介壳虫、枯叶蛾的幼虫等虫害。土壤中的细菌容易引发根瘤病，需要特别注意。

观花盆景

长寿梅　均釉椭圆形盆　43厘米

长寿梅

长寿梅朱红色或白色的小花成簇开放。
在分叉众多的细枝上长出小巧的叶片，极具观赏性。

树　名	长寿梅
别　名	倭海棠
学　名	*Chaenomeles japonica* 'chojubai'
分　类	蔷薇科木瓜属
树　形	配植 、 连根 、 一本多干 、 悬崖 、 附石

盆景制作·养护·管理年历

1月	2月	3月	4月	5月	6月	7月	8月	9月	10月	11月	12月
								换盆			
			摘芽·修剪								
施肥			施肥					施肥			

从细节入手，打造附石造型

长寿梅的特点是花期较长，能够四季开花。其枝细而分叉众多，花叶均小巧成簇，十分可爱，又因其树形较矮，常被制作为在严酷环境中顽强生长的造型。

本树将与石进行组合，灵感源于"定格瞬间的美"，制作成充满不稳定感的造型。先从选择的石头开始，再逐步进行改造。

移栽
植株有着优美的树形，基本不需要修剪。根据预想的造型，将树木种植于精心挑选的石片上。

移栽

将植株从原盆中取出，确认树木的整体状态。然后将根部的旧土除去，并修剪过长的根，最后种植于石片上。

适合制作附石盆景的树种

除了长寿梅，杂木类的鸡爪槭与皋月杜鹃，松柏类的五针松与真柏，以及一些树干较细且柔软的树种，都适合制作成附石盆景。

1 修剪好根部后，将植株预放在石片上进行观察。根据树形与整体的平衡状态，确定栽种的位置。

2 长寿梅易生根瘤病。在修剪完根部后应将根部浸入农霉素（含链霉素与土霉素的抗生素合剂）溶液中，这样可起到预防作用。

3 将石灰与速干胶混合后，再将金属丝垂直固定在将要栽种树木的位置周围。

4 将腐殖土揉搓成团，沿金属丝的外侧铺贴，围成一圈。

5 在腐殖土围成的圈内，填充种植专用土。再度确认金属丝仍牢固固定在石片上。

6

将树木种植于土中。调整角度与方向，让其与石片达成最佳的平衡，然后用预留的金属丝将根部牢牢固定。

7

将种植专用土覆盖在植株根部，盖住多余的金属丝。在植株的背势侧种植凤尾草，起铺垫作用。

8

根据整体造型及植株的平衡性，对植株进行适当修剪。

9 在盆面种植苔藓。

Q 摆放在什么位置？

A 长寿梅对环境的要求不高，但过于湿润可能会导致长势变差。可摆放在通风及光照条件良好的位置。

Q 如何浇水？

A 要防止植物缺水，浇水的频率为春秋季每天 1 次，夏季每天 2~3 次，冬季每两天 1 次。

Q 如何施肥？

A 除了梅雨季节与夏季，4~10 月，每月施 1 次有机肥。果实成熟掉落后追肥 1 次，让树木恢复元气。

Q 几年换盆1次？

A 幼树每 2 年换盆 1 次，成树 2~3 年换盆 1 次。一般在不易发生根部疾病的秋季进行换盆。

Q 要注意哪些病虫害？

A 要预防根瘤病、蚜虫及叶蜱。每次换盆时可用抗生素溶剂进行浸根消毒，还要定期喷洒杀虫剂预防蚜虫与叶蜱。

观花盆景

平底盘型的盆器，让整个作品的轮廓更具立体感。

造型后

西府海棠　白色交趾烧椭圆形盆　75厘米

西府海棠

苹果树的近亲，春季枝头密集地开放可爱的小花。秋季可结出酸甜的果实。

树　名	西府海棠
别　名	深山海棠
学　名	*Malus micromalus*
分　类	蔷薇科苹果属
树　形	斜干、模样木、悬崖

盆景制作·养护·管理年历

1月	2月	3月	4月	5月	6月	7月	8月	9月	10月	11月	12月
		换盆									
	修剪							修剪			
							施肥				

制造空间感，打造曲线美

西府海棠是蔷薇科的落叶小乔木，常被作为苹果树嫁接用的砧木。西府海棠有观果的果海棠，秋季结出红黄色、形同苹果的小果实，味较酸；有观花的花海棠，根据品种的不同，其花朵颜色有红色、白色等。其中，白花深山海棠含苞待放时的花蕾为淡红色，开出的花朵为纯白色，十分壮观。

本棵树木有着绝妙的树干曲线。但是，杂乱的枝条过于显眼，有些喧宾夺主，因此将多余的枝条剪掉，营造空间感，突出树木的曲线美。

造型前

修剪
将过多的枝条剪掉，突出树干的曲线美。

造型后

本树的灵魂在于其扭曲旋转的树干曲线。将喧宾夺主的枝条剪去，创造空间感，展现树干的优美曲线。

1 本树的主角为树干的曲线，但上方枝条过于显眼，削弱了树干的美感，应将过长及过粗的枝条除去。

2 剪去一条长枝，右侧立刻有了空间感。

！ 小贴士

将长枝剪去，可腾出空间。但下剪前先要仔细确认是否会破坏整体树形的平衡感。

3 徒长枝只留1~2个芽点，其余部分剪去。同时将与树干走势相背的枝条剪去。

通过整理枝条，将树木绝妙的曲线展现在人们面前。左侧势的不稳定感，通过换用较深的花盆来消除。

造型后

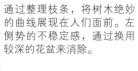

日常管理 Q&A

Q 摆放在什么位置？

A 应摆放在通风及光照条件良好的位置。冬季移入室内养护。春季适当控制光照强度可让叶片小型化，更利于管理。夏季要进行遮光，避免烈日灼伤。

Q 如何浇水？

A 盆面干燥时就要马上浇水。每次浇水宜浇透，要浇到有水从盆底孔流出为止。如果叶片较大，则非常容易发生缺水的状况，要特别注意。

Q 如何施肥？

A 秋季每月施肥1次。为了让树木旺盛生长，除了开花期，从春季开始每月施1次固体缓释肥。

Q 几年换盆1次？

A 海棠的根又细又多，一般2年换盆1次。不对根系进行修整很容易造成根部盘结。

Q 要注意哪些病虫害？

A 西府海棠易生蚜虫与介壳虫，落叶后可喷洒杀虫剂预防。换盆时用杀菌药水浸根，预防发生根瘤病。

盆景配几架

盆景摆饰时，放置于几架之上。几架按高度分为最矮的平几、高度中等的中几及高脚的高几。

平几常用于表现平地上生长的树木与山间的风景。中几常与半悬崖、风吹式盆景相搭配。几桌常用于表现山岳、绝壁或悬崖等风景。根据树形及盆景表现的内容，搭配不同的几架。

几架不仅有高度上的区别，造型、材质及表现出的美感也各不相同。盆景几架常使用紫檀木、黑檀木、铁刀木、花梨木、桦木、桐木、竹等多种质地及档次各不相同的木材。

选择盆景几架时必须注意盆景与几架的协调感和平衡感。

紫檀蕨足仿古几
43厘米×43厘米×45厘米

古色古香的几架格调高雅，适于摆放半悬崖式梅树盆景。

紫檀反足平几
53厘米×27厘米×5厘米

简单的线条与洒脱的文人木盆景十分相配。

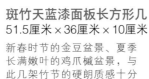

斑竹天蓝漆面板长方形几
51.5厘米×36厘米×10厘米

新春时节的金豆盆景、夏季长满嫩叶的鸡爪槭盆景，与此几架竹节的硬朗质感十分契合。

紫檀根雕高几
49厘米×35厘米×64厘米

充满力量感的根雕造型托起悬崖式茶花及松柏盆景。

红木反足平几
73厘米×47厘米×18厘米

高贵的红色为冬季萧飒的落叶树盆景增添色彩。

紫檀日式几
76厘米×43厘米×30厘米

如同日本神社鸟居一般的形态，与粗干的黑松盆景具有相同的品性。

连翘　北京窑浮雕花纹六角盆　50厘米

连翘

春天黄色的花朵挂满枝头。枝条修长且上扬，活力满满。

树　名	连翘
别　名	黄花杆、黄寿丹
学　名	*Forsythia suspensa*
分　类	木樨科连翘属
树　形	悬崖 、 一本多干 、 模样木

盆景制作·养护·管理年历

	1月	2月	3月	4月	5月	6月	7月	8月	9月	10月	11月	12月
换盆			换盆						换盆			
修剪					修剪					修剪		
施肥			施肥				施肥					
蟠扎			蟠扎									

156

充满稚气的微型盆景

造型前

换盆
色彩淡雅的迷你花盆将花色衬托
得更加醒目。

造型后

连翘产于中国，春季会开出美丽的黄色小花，常被作为观赏植物栽植于庭院中。连翘深受日本著名的诗人、雕刻家高村光太郎的喜爱，甚至其忌日都被称为"连翘日"。在自然条件下，其根部易分生出多条树干，呈一本多干式造型。其枝条多垂于地面，也很容易生根。

本作品将制作成为可爱的微型盆景。色彩淡雅的迷你花盆将黄色的花朵衬托得更加鲜艳。栽种时调整植株的角度，突显其独特风情。

观花盆景

本作品用色彩淡雅的白色花盆将花朵的黄色衬托得更加鲜艳，辅以精心挑选的几架，小小的盆景给人以大气的观感。

1
将根部的旧土除去，并用水冲洗，露出根部。再根据盆器的大小，将过多的根剪去。

2
稍微倾斜一些栽植，打造向右的树势。确定好栽植的角度后，用盆底预留的金属丝将植株根部固定住，填入种植专用土，并在盆面种植苔藓。

日常管理 Q&A

Q 摆放在什么位置？

A 应摆放在通风及光照条件良好的位置。如光照条件不佳，会导致花朵数量减少。夏季要避免西晒，冬季将其移至屋檐下。

Q 如何浇水？

A 盆面干燥时就要马上浇水。每次浇水宜浇透，要浇到有水从盆底孔流出为止。花期要注意防止缺水。

Q 如何施肥？

A 春季与秋季每月施1次固体缓释肥。花期用液肥进行追肥，可让植株长势更佳。

Q 几年换盆1次？

A 连翘的根部生长旺盛，每年应换盆1次，以除去过多的根。除去根部的同时，注意修剪徒长枝，让树木新陈代谢保持平衡。

Q 要注意哪些病虫害？

A 易受介壳虫侵害，落叶期应喷洒杀虫剂进行预防。

造型后

因树势向右，在右边放置方向朝左边的石头，营造一定的呼应感，石、几架与盆景浑然一体。

盆景装饰摆件

　　盆景的装饰摆件有亭台楼阁、舟、桥、人物、动物等诸多种类。各式实物造型的摆件，为盆景增添了叙事感，起到画龙点睛、锦上添花的作用。

　　要表现湖边美景，可摆放水鸟与渡船；要表现田园风光，可摆放屋舍。小小的一间茅草屋，让人联想到儿时记忆中的故乡风景。

　　摆件有陶制、铁制、木制、铜制等多种材质。添置摆件的原则是摆件的内容须与盆景所表现的景观相一致，尺寸须与树木的大小相契合。如果彼此不相配，会弄巧成拙。

黑松与木雕人物摆件相契合，表现戏剧舞台的景色。

茅舍

与观叶杂木盆景相配，衬托出春季新叶的鲜嫩。

铜制小船

与一本多干式的盆景最为契合，表现微风吹拂水面的景致。

神猿

神猿在日本是惩妖除魔的化身。在新春时节摆饰，寓意吉祥如意。

鹌鹑

与观果盆景相配，表现鹌鹑正在囤积过冬果实的情形。

杂乱的枝干蜕变为个性十足的一本多干式

迎春花

原产地为中国，因其初春时节绽放色彩鲜亮的黄色花朵，故得名"迎春花"。

迎春花原产于中国，花期在2~3月。在新叶发芽之前开花，花朵几乎没有香气。它的花朵呈黄色，持续开放，形态可爱。迎春花广泛用作庭园观赏植物，常被制作为小型盆景。

迎春花在春季开始抽出绿色的四角形新枝，柔软的树枝常垂于地面并生根。

这棵迎春花将制作为一本多干式造型。根据整棵树的姿态，对杂乱的树干进行修整，拟制作为从根盘部位开始分叉的一本多干式造型。随后对留下的枝叶进行修剪。

造型后

修剪
枝条长短不一导致树形混乱，应将多余的枝条剪去。

造型前

换盆
对根部进行修剪，移栽到与花色相配的盆中。

蟠扎
对修剪后的枝条进行蟠扎，使其有序不乱。

2~3月间绽放直径2~3厘米的花朵

树 名	迎春花
别 名	黄素馨
学 名	*Jasminum nudiflorum*
分 类	木樨科素馨属
树 形	双干、模样木、一本多干、悬崖

盆景制作·养护·管理年历

1月	2月	3月	4月	5月	6月	7月	8月	9月	10月	11月	12月
		换盆	蟠扎								
			修剪						修剪		
		施肥					施肥				

STEP 1 修剪

打造一本多干式造型最重要的就是要确定将哪些树干留下，哪些除去。一般将树干基部造型优美的树干留下，然后对其形态进行修整。

2 用根剪将不要的树干和露出土面过于显眼的根剪去，然后在切口涂上愈合剂。

1 根据树干的形态，对徒长的新枝进行修剪。

3 用竹筷子插入根部周围的土中，确认根部的强度，同时检查土中有没有嫩枝将要萌发。

STEP 2 蟠扎

枝叶修剪完成后，对剩余的枝干进行蟠扎。在蟠扎的同时，再次根据整体造型，剪去不要的侧枝。

！小贴士

蟠扎的同时，观察树梢的芽点，如果有两个以上芽点，则只留一个，将其他芽点切去。

1 首先用较粗的蟠扎丝对树干进行蟠扎，然后选择合适的蟠扎丝从根盘开始对侧枝进行蟠扎。

观花盆景

修剪与蟠扎完成后的样子。原来6枝树干变成5枝。虽然这不是绝对，但日本盆景一般都是以奇数为美。

161

将植株从旧盆中取出，除去旧土，并检查根部的状态。将多余的根除去，并用水仔细清洗根部，然后栽植于新盆中。

1
从旧盆中取出植株时，用利器沿盆内壁划一圈，使盆土与盆壁分离，以便取出植株。

2
将根部的旧土除去，按照设计的角度，将植株放入新盆中，用盆底预留的金属丝固定住植株根部，最后填入种植专用土。

3
白色的花盆可以衬托出迎春花黄色花朵的鲜艳色彩。种植完毕后，在盆面覆盖上水苔。

造型后

日常管理 Q&A

Q 摆放在什么位置？

A 应摆放在通风及光照条件良好的位置。夏季摆放于半阴处，冬季摆放于上方有遮挡且光照良好的位置。

Q 如何浇水？

A 迎春花耐干，过湿的土壤极易导致烂根。可等盆土表面干燥时再浇水。

Q 如何施肥？

A 春季与秋季每月施1次固体缓释肥。

Q 几年换盆1次？

A 每2年换盆1次，一般在春季进行。因其根部生长旺盛，每次换盆都要记得对根部进行修剪。

Q 要注意哪些病虫害？

A 迎春花病虫害较少，初春季节注意预防蚜虫。

挂轴与盆景

在摆饰的盆景旁，添上一幅应景的挂轴，能烘托出岁月与人文的气息。

盆景与挂轴一同摆饰，其主角毋庸置疑是盆景，因此挂轴不能太显眼。还应重视挂轴与盆景的协调性，以及挂轴的内容与盆景相呼应。避免使用太显眼的人物画，一般选择云、月、远山、瀑布等较为清雅的题材。使用描绘风景的山水画，不仅能够表现四季的美景，也可表现清晨、傍晚及夜晚等诸多时间场景。在为盆景选择挂轴配饰的时候，可根据不同的季节、时间进行天马行空的想象，这也是一份难得的乐趣。

合欢树　挂轴《蝶》

表现被花香吸引而来的蝴蝶，是华丽的花朵与贪玩的蝴蝶充满趣味的组合。

黑松《黑龙》　挂轴《千山一白》

描绘了小渔村在冰天雪地环境下的静美。黑松弯曲的树干表现出在严酷的冰雪中傲然矗立的坚韧感。

东亚唐棣　挂轴《山花开似锦》

展现一幅山花烂漫如织锦一般的画面。在流畅的行书书法与充满力量感的粗壮树干共同映衬下，令人心生怜爱的朵朵白花形成了一种格调。

山茱萸　广东釉圆形盆　100厘米

山茱萸

春季，在新叶萌发之前，黄色的小花率先开满枝头，秋季结出美丽的红色果实，故山茱萸也被叫做"秋珊瑚"。

树　名	山茱萸
别　名	秋珊瑚
学　名	*Cornus officinalis*
分　类	山茱萸科山茱萸属
树　形	模样木、直干、斜干

盆景制作·养护·管理年历

1月	2月	3月	4月	5月	6月	7月	8月	9月	10月	11月	12月
			换盆								
蟠扎											
		修剪									
		施肥		施肥				施肥			

通过修剪，展现树木婀娜多姿的美感

造型前

修剪
本树的分枝众多，应根据预想的树形，将枝条稍微剪短。

造型后

山茱萸原产于中国及朝鲜半岛，因其果实具有药用价值而被引至日本。分枝众多的枝条在春季叶片萌发前就会被花朵映成一片黄色，秋季又会被小巧可爱的椭圆形果实映成一片红色。灰褐色的树皮古朴而充满韵味。山茱萸是一种优秀的庭院观赏植物，也常制作为盆景。

本树为模样木造型，不必进行较大的改变。想象开花时的样子，对枝条进行修剪，让植株充满婀娜多姿的美感。

观花盆景

165

修剪

根据植株整体的平衡性，对枝条进行修剪。将枝条稍剪短，创作如同自然伸展开的枝条造型。

1 将过于显眼的侧枝剪去。每根枝条只留下1个芽点，其余的除去。

2 修剪完毕后，将整个植株浸入石灰硫黄合剂中。在冬季进行此项操作，可预防虫害发生。

想像花朵开放时的样子，将不需要的花芽剪去，然后根据植株的整体平衡性，修整出自然的树形。

造型后

日常管理 Q&A

Q 摆放在什么位置？

A 应摆放在通风及光照条件良好的位置。夏季避免西晒，冬季预防冻害。

Q 如何浇水？

A 山茱萸喜湿，盆面干燥时就要马上浇水。每次浇水宜浇透，要浇到有水从盆底孔流出为止。夏季山茱萸容易缺水，要特别注意。

Q 如何施肥？

A 春季、初夏及秋季每月施1次固体有机肥料。

Q 几年换盆1次？

A 一般2年换盆1次。每次换盆要将旧土除去，根部修剪去1/3左右。

Q 要注意哪些病虫害？

A 5月左右山茱萸易被绿尾大蚕蛾幼虫侵害。绿尾大蚕蛾幼虫会啃食叶与芽，直至吃光为止。它身上有毒刺，人被刺到会有剧痛感。如发现应立即用竹筷子等将它除去。

观果盆景

❀ 开花前的管理

观果盆景是以欣赏果实为主的盆景。为了让树木结出更多的果实，就要让树木先开好花。首先是增加花芽的数量。

将树木摆放在光照条件良好的位置，根据其特性浇水、施肥。浇水和施肥不要过量，否则会长出徒长枝，导致花芽数量减少。如果长出了徒长枝，须让其生长到一定长度后再剪去。因为如果刚冒头就剪去，马上又会长出其他徒长枝，加剧对养分的消耗。

观果盆景一般在7月下旬至8月长出花芽。在花芽长出之前，要让树木有充足的枝叶。为了达到这个目的，一般在5月之前进行多次摘芽作业。具体操作方法：每个枝条一般留2~3个芽点，将顶芽摘除。

当树木长出花芽后，要根据树木的种类，准备授粉用的树木。雌雄异株植物有柿子树、南蛇藤等，要准备授粉用的雄株。雌雄同株植物的花朵为两性花，同时具有雌蕊和雄蕊，一般须准备同类植物或近亲植物进行杂交。如紫花木通与白花木通，姬苹果与其他品种的海棠，栀子花与其他品种的栀子花等，这样可提高挂果数量。

❖ 摘芽

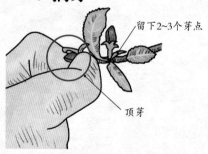

留下2~3个芽点

顶芽

留下2~3个芽点，将顶芽摘除，这样可产生更多分枝，增加花芽的数量。

❖ 准备授粉用的其他树木

雌树

雄树

雌雄异株植物要准备2盆以上授粉用的雄株。雌雄同株植物要准备同类品种或近亲植物，这样可以提高挂果数。

❖ 徒长枝的管理

徒长枝不会长出花芽，因此要从基部剪去。但在徒长枝刚冒头时就剪去，会导致其他徒长枝继续长出，所以一般都是等徒长枝生长到一定长度后再剪去。

开花后的管理

　　树木开花后需进行授粉，才可以结出果实。结果能力较强的枸子、金豆等植物不需要人工干预即可自然结果，但不易结果的栀子花、美男葛等植物需进行人工授粉才能结出果实。人工授粉是将雄花剪下，并与雌花接触，使雄花花蕊上的花粉黏附在雌花的柱头上。也可用毛刷或毛笔进行此项操作。

　　树木结果后，要根据植株的大小，对结果的数量进行控制。像鸭梨那么大的果实，小型盆景留1~2个，大型盆景留4个左右即可。

　　结果会消耗大量养分，在果实观赏期结束后，要及时摘除所有果实，让植株休养生息。

　　开花结果的过程中也会消耗大量水分，要注意及时浇水，避免植物缺水。结果期要多施肥，果实就不容易掉落。摘果后要再追肥，为来年植株发芽储存养分。

🔷 人工授粉

姬苹果人工授粉

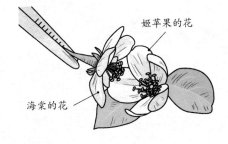

美男葛人工授粉

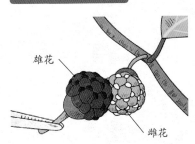

授粉时用镊子将两朵花的花蕊部分接触，雌雄异株植物则将雄花的花蕊与雌花的花蕊接触。如果雄花的花瓣妨碍人工授粉操作，可提前将花瓣剪去。

🔷 果实数量管理

结果后，根据植株的大小，留下适当数目健壮且位置良好的果实，其余的摘去。小型盆景留下1~2个，大型盆景留下4个左右。在同一位置结有多个果实，则仅留下1个，将其余的摘去。

小型盆景

大型盆景

🔷 摘果

结果会消耗大量养分，盆景的特点决定了其不能支持植株大量结果。在赏果期结束后应及时将果实全部摘去，让植株休养生息。

木通 和风八角形盆 67厘米

木通

落叶藤蔓植物，掌状复叶互生或在短枝上簇生。春季开出雌雄两种不同的花朵。果实多汁，外表为紫色，可食用。

树 名	木通
别 名	野木瓜
学 名	*Akebia quinata*
分 类	木通科木通属
树 形	模样木 、 斜干 、 悬崖

盆景制作·养护·管理年历

1月	2月	3月	4月	5月	6月	7月	8月	9月	10月	11月	12月
		换盆						换盆			
		蟠扎									
	修剪						修剪				
		施肥						施肥			

改变僵硬的姿态，使其带有柔和感

造型后

修剪
修整树形，剪去参差不齐的树枝。

造型前

换盆
修剪根部，将植株栽入新盆中。

观果盆景

　　木通为藤蔓植物，在野外较为常见。春季每个花穗上开出少数雌花和大量的雄花。紫色的花朵没有花瓣，只有花萼。果实多汁，半透明的果肉带有甜味。木通常作为果树栽培，也常被制作为盆景。作为盆景要修剪掉较长的藤蔓，花期进行人工授粉，然后观赏其果实。

　　本棵植株枝条杂乱，参差不齐，树干上还有许多难看的树瘤，需要进行修整处理。树干造型僵硬，要剪去部分侧枝，使其具有柔和感。

修剪

对参差不齐的枝条进行修整，剪去几处轮状枝，除去较为显眼的树瘤。

① 根据植株整体平衡感，将几处较为突兀的枝条剪去。

② 用根剪将碍眼的树瘤除去，制造自然腐朽的伤痕。

日常管理 Q&A

Q 摆放在什么位置？

A 木通喜阳，应摆放在光照和通风条件良好的位置。

Q 如何浇水？

A 木通喜湿，盆面干燥时就要马上浇水。每次浇水宜浇透，要浇到有水从盆底孔流出为止。夏季需水量较大，要防止缺水。冬季植物处于休眠期，不要浇太多水。

Q 如何施肥？

A 春季和秋季每月施1次固体缓释肥。

Q 几年换盆1次？

A 2~3年换盆1次。每次换盆都要对根部进行修剪，预防根部盘结。

Q 要注意哪些病虫害？

A 木通易发生白粉病。如被白粉病侵染，会极大地影响果实观赏性。另外，有发现蚜虫应及时将其除去。

小贴士

较大的切口不要忘记涂上愈合剂。

本树有许多突兀的枝条及较大的树瘤，整体造型显得十分僵硬。对这些地方进行修整，让树木具有柔和感。

将植株从旧盆中取出，根据植株的大小对根部进行修剪，并用自制的固根器将植株固定在盆中。

大师技艺

植株的根系过大，金属丝无法穿过根部进行固定的时候，可自制固根器，并用固根器将植株的根部固定。

① 将短木条绑在盆底预留的金属丝上，制作固根器。

② 根据植株种植的位置调节金属丝，从而改变短木条的位置，随后用锤子将短木条钉入根部的空隙中，最后用土壤覆盖木条。

造型后

③ 树木种植完成后，在盆面铺一层水苔。再用剪子仔细修剪水苔，使其呈现出自然的风情。

柿树

　　在小巧的柿树上结出许多果实，足以让人感受到秋季的丰收喜悦。柿树有许多果实形状与颜色各不相同的品种。

树　名	柿树
学　名	*Diospyros kaki*
分　类	柿科柿属
树　形	斜干 、 模样木 、 文人木 、 悬崖 、 配植

盆景制作・养护・管理年历

1月	2月	3月	4月	5月	6月	7月	8月	9月	10月	11月	12月
							换盆		修剪		
			剪叶	蟠扎				蟠扎			
		施肥			施肥						

硕果累累，呈现大丰收的景象

满树黄澄澄的柿子，最能代表金秋时节丰收的景象。

本棵柿树的品种是老鸦柿，原产于中国，在二战时期传入日本。其味道苦涩，无法食用，但却十分适宜作为庭院种植及盆景制作的观赏性树木。因其结果的数量巨大，枝条弯垂，如同翅膀上的羽毛一样，所以在日本也被称作羽翼柿。柿树为雌雄异株，需要雄树向雌树授粉才能结出果实。

本作品将制作为承受了果实的重量而下垂的枝条，让作品有一个纵向的动感，这样整个作品就充满了立体感。这也是丰收的柿树在人们心中应有的样子。

修剪
减少树枝数量，营造树枝之间的空间感。

造型前

蟠扎
表现承受了果实重量而下垂的枝条，让作品呈现立体感。

造型后

观果盆景

根据整体树形，剪去过长的枝条。修剪时不仅要考虑水平的树枝线条，也要考虑整体树形在纵向上的层次感。

1 退后几步观察整体树形。将过多的细枝剪去，让粗壮的侧枝更加突出。

2 将多余的枝条剪去。背枝虽然可以增加作品的立体感，但为了突出侧枝，须将背枝剪短。

日常管理 Q&A

Q 摆放在什么位置？

A 柿树在光照条件良好或半阴状态下都可以正常生长。结果情况不好时，应将其摆放在通风及光照条件良好的位置。

Q 如何浇水？

A 盆面干燥时就要立即浇水。浇水宜浇透，要浇到有水从盆底孔流出为止。夏季缺水会导致植株落叶，高温多湿会导致烂根，因此在梅雨季节要将植株移至屋檐下。

Q 如何施肥？

A 勤施肥有利于开花及结果。春季发芽时就要开始施肥。在开花期可暂停施肥。夏季可喷施稀释后的液肥代替浇水。

Q 几年换盆1次？

A 2年换盆1次。一般在梅雨季节过后、夏季之前这段时间进行，以减少植株的消耗。

Q 要注意哪些病虫害？

A 柿树易受蚜虫、介壳虫侵害，易生白粉病、煤污病等病害。可在夏季定期喷洒杀虫杀菌剂进行防治。

将挂果的枝条下压，制造被果实压弯的效果，呈现出纵向的动感。

2 用双手将枝条下压。弯曲时，以蟠扎丝为支点，指腹抵住枝条，慢慢用力。

1 细心蟠扎，在蟠扎的过程中如发现多余的枝条，则随时修剪。

！小贴士

本树的根盘十分具有力量感，可根据根盘的姿态，对树势进行调整。

3 用细铜丝辅助牵引，让树枝向下方弯曲。

4 蟠扎时，既要注重整体植株的平衡感，又要让枝条曲线更加自然，须一根一根地进行微调。

造型后

观果盆景

南蛇藤　九谷武山盆　27厘米

南蛇藤

在深秋萧瑟的山野中，常能见到南蛇藤结出色彩鲜艳的果实。南蛇藤叶片呈黄色，特色鲜明。

树　名	南蛇藤
别　名	金银柳
学　名	*Celastrus orbiculatus*
分　类	卫矛科南蛇藤属
树　形	悬崖、模样木、连根

盆景制作·养护·管理年历

1月	2月	3月	4月	5月	6月	7月	8月	9月	10月	11月	12月
	换盆										摘果
	修剪								修剪		
蟠扎		施肥						施肥		蟠扎	

造型思路　枝叶同向而出，如同狂风吹过一般

南蛇藤在日本全境的山野中都有广泛分布，其藤蔓攀附于其他树木生长。初夏叶腋开出黄绿色的小花，不甚显眼。南蛇藤最美丽的时候，却是在深秋万物凋零衰败时节。南蛇藤花谢后长出球形的黄色果实，成熟后呈三瓣裂开，中间露出红色的种子。满树的果实在萧飒的深秋表现出独特的华丽感。

南蛇藤常用于插花，也常被制作成在秋季欣赏其黄叶与独特果实的盆景作品。因其是雌雄异株，花期将雌树与雄树放在一起才能结出果实。

本树枝叶杂乱，需整体进行大幅度修剪。通过蟠扎让枝叶向同侧伸出，打造风吹式造型。

修剪
修剪杂乱的枝条，使其有序。

造型前

蟠扎
将植株制作成如狂风吹过一般的造型。

造型后

STEP 1 修剪

1 首先从各角度观察植株姿态，根据枝条的形态决定要将哪些枝条除去。

整理杂乱的树形。将不要的枝条除去，打造左倾树势。

2 有很多因缺水形成的枯枝，依次将其剪去。

3 用根剪修整树瘤，并将部分粗枝剪去。

树形已基本修整成左倾势，但仍略显杂乱。

日常管理 Q&A

Q 摆放在什么位置？

A 南蛇藤在半阴处也可以正常生长，但会影响结果，因此尽可能摆放在光照及通风条件良好的位置。结果以后，再将其移到半阴位置，最大程度地避免叶片被阳光灼伤。

Q 如何浇水？

A 南蛇藤喜湿，要多浇水。春季每天浇 1~2 次，夏季每天浇 2~3 次，冬季 2~3 天浇 1 次。如果没有时间频繁地浇水，最好将其移到半阴位置，以减少水分蒸发。

Q 如何施肥？

A 发芽期间须施肥，开花到结果前应停止施肥，结果以后恢复施肥。

Q 几年换盆1次？

A 南蛇藤的根部生长旺盛，一般每年换盆 1 次，每次换盆时对根部进行修剪。

Q 要注意哪些病虫害？

A 南蛇藤易发生蚜虫、叶蜱等虫害，发芽前喷洒杀菌杀虫剂进行预防。

为营造风吹过的感觉，应将树枝往同一个方向蟠扎。因南蛇藤是藤蔓植物，其枝条不易定形，可缠绕得紧一些或用多根蟠扎丝缠绕。

1 每根枝条的每个侧枝都要向同一个方向弯曲。先蟠扎重要枝条，但也不要忘了植物背面的枝条。

2 将枝条向下弯曲的时候，可用铜丝一头固定盆底，另一头对枝条进行牵拉。

大师技艺

打造树形时，不仅要注意水平上的造型，也要随时注意纵向的层次感。

风吹式造型要注重枝条的纵横关系，以及前后角度产生的立体感，这样才能让作品充满动感。

造型后

3 一些多余的根缠绕住了树干，应将其除去。

观果盆景

姬苹果　花草纹唇口长方形盆　24厘米

姬苹果

满树红色的小果如同挂满了铃铛一般。春季开出令人心生怜爱的白色小花。

树　名	姬苹果
别　名	公主苹果、冬红果
学　名	*Malus cerasifera*
分　类	蔷薇科苹果属
树　形	斜干 、模样木 、悬崖

盆景制作·养护·管理年历

1月	2月	3月	4月	5月	6月	7月	8月	9月	10月	11月	12月
				蟠扎					换盆		
		修剪		修剪					修剪		摘果
				施肥				施肥			

打造充满趣味的空间与角度

姫苹果和苹果一样，都是蔷薇科的落叶乔木。姫苹果是一种园艺杂交品种，在野外没有分布。因其结出的果实小巧可爱，故亦被叫做"公主"。春季，其桃色的花蕾开出令人心生怜爱的白色小花；秋季结出直径仅2厘米左右的迷你苹果，果实仅有观赏价值，不能食用。用海棠或其他苹果属植物对其进行人工授粉，会提高结果率。近年来姫苹果受到越来越多人的喜爱，成为一种极具人气的盆景素材。

本树树干基部粗壮，种植于盆中稳定感十足，但缺少一些趣味。通过调整植株的角度，让树势倾斜，打造出空间感，就使植株具有了动感，这不正是盆景最大的乐趣所在吗？

修剪
将影响树形的突兀粗枝剪短，修整树形。

造型前

蟠扎
根据整体树势，调整枝条的方向。

造型后

观果盆景

① 将植株从土中取出，稍稍向左倾斜种植于盆中偏右的位置，这样整个作品就具有了一定的空间感。

盆中的这棵树十分粗壮，稳如磐石。稍稍改变植株的角度，使植株具有一定的动感，然后根据树势调整整体树形。

② 将树干中心的粗枝剪短，不让其太过醒目，并剪去多余的枝条。

根据植株的左倾势，对枝条进行蟠扎，以改变其方向，让枝条与盆之间产生绝妙的空间感。

① 仔细蟠扎枝条，一边观察植株的整体平衡感，一边调整枝条的角度。

造型后

日常管理 Q&A

Q 摆放在什么位置？

A 应摆放在光照及通风条件良好的位置。夏季为防止西晒，将其移至半阴地方。为了让果实的颜色均匀，要经常转动花盆，让果实均匀接受日照。

Q 如何浇水？

A 姬苹果喜湿，要足量浇水。开花期与结果期要防止缺水。浇水时注意不要弄湿花朵，以免花粉掉落，影响结果。

Q 如何施肥？

A 果实成熟后，每月施1次固体缓释肥。8月暂停施肥，9月恢复施肥，这样可增加挂果数量，果实的颜色也更鲜艳。

Q 几年换盆1次？

A 一般1~2年换盆1次。蔷薇科植物易得根瘤病，每次换盆时要用杀菌药水浸根消毒。

Q 要注意哪些病虫害？

A 需定期喷洒杀菌杀虫剂，预防蚜虫、介壳虫及黑斑病等病虫害。

春花园

　　2002年，春花园盆景美术馆在东京的江户川区正式对外开放，这是日本第一家盆景美术馆。春花园占地约2640平方米，主要建筑风格为仿古日式家屋与日式庭园。馆中展出超过1000件盆景作品，每年吸引超过一万人来园参观。

　　春花园分为两个部分，盆景园陈列着单盆价值高达数千万日元的高端盆景，美术馆则面向刚接触盆景的初学者。

　　春花园针对各国盆景初学者，还开设了中文、英文的盆景体验教室。

　　在这里，游客可以尽情鉴赏小林国雄大师的盆景作品。同时，春花园也希望能够通过盆景，让更多国内外游客感受到日本文化的精髓。

大德寺垣与盆景
著名的竹编围篱——大德寺垣，每一根都由匠人手工编织，充分展现出匠人的操守与匠心。

圆梦桥
传说中顺利通过此桥，即可让梦想成真。谷漾池中游动的巨型锦鲤，是这幅美妙画面的点睛之笔。

园内风光
不同人眼中的盆景，都有着独一无二的风情，这种魅力是什么也替代不了的。

扫二维码
听小林国雄说春花园盆景

在春花园中冥想
鉴赏盆景让人心生宁静，适于冥想修行。

配上合适的花盆，让整个作品协调平衡

火棘

火棘从秋季到冬季，树木结满橙色的果实，观赏价值极高。

造型前

修剪
降低植株的高度，让整体树形具有平衡感。

换盆
原盆大小与植株不协调，应换用合适的花盆。

造型后

结出橙色的果实

火棘是一种极具观赏价值的树木。树木枝叶茂盛、白花繁密，在深秋时节枝头挂满橙色果实，十分壮观。

火棘在日本明治时期作为观赏植物被引进。因其果实与柑橘相似，在日本也被叫做"橘拟"。

本棵树木枝干过于细长，将其高度降低，并对枝条进行修剪，让整体树形具有平衡感，再换用与果实颜色协调的花盆。

树　名	火棘
学　名	*Pyracantha angustifolia*
分　类	蔷薇科火棘属
树　形	斜干 、 模样木 、 悬崖

盆景制作·养护·管理年历

1月	2月	3月	4月	5月	6月	7月	8月	9月	10月	11月	12月
		换盆						换盆			
	修剪							修剪			
	蟠扎	施肥		蟠扎		施肥					

STEP 1 修剪

本树的树干过于细长，应将树干剪短，使其显得更粗壮一些。同时修剪根部，使其大小与树冠相匹配。

1 将植株修剪至原来的2/3高，并将杂乱的枝叶除去。

!小贴士

通过剪叶作业，调节树木的蒸腾速率。

STEP 2 换盆

将树干走向清晰的一面定为正面，修剪过长的根，然后移栽至与果实颜色协调的花盆中。

1 将根部周围的旧土除去，剪短过长的根。

2 用盆底预留的自制固根器将植株定位于盆的偏右位置，然后填入种植专用土。

3 本树的根分为两股，要填入更多的种植专用土将根部完全覆盖，然后在盆面铺上水苔。

造型后

日常管理 Q&A

Q 摆放在什么位置？

A 应摆放在光照及通风条件良好的位置。火棘对环境不挑剔，但半阴环境会降低挂果率。

Q 如何浇水？

A 火棘较耐旱，开花期与结果期避免缺水。另外，浇水时注意不要弄湿花朵，以免花粉掉落，影响结果。

Q 如何施肥？

A 春季开花前每月施肥1次，开花到结果这段时期控制施肥的量。多施磷肥能提高植物挂果率。

Q 几年换盆1次？

A 火棘根部生长旺盛，应每年换盆1次，并对根系进行修剪。换盆后要足量浇水，让植物根部恢复。

Q 要注意哪些病虫害？

A 新芽容易被蚜虫侵害，应定期喷洒杀虫剂预防。

毛樱桃　古渡乌泥唇口切角凹饰山水画云足长方形盆　50厘米

结出味道酸甜的红色果实

毛樱桃

春季开出与梅花相似的可爱小花。果实成熟后呈红色，味道酸甜，可食用。

树　名	毛樱桃
别　名	山樱桃、梅桃
学　名	*Prunus tomentosa*
分　类	蔷薇科樱属
树　形	文人木、斜干、模样木

盆景制作·养护·管理年历

1月	2月	3月	4月	5月	6月	7月	8月	9月	10月	11月	12月
	换盆										
		修剪							修剪		
	蟠扎									蟠扎	
	施肥						施肥				

将细长枝干改造为飘逸的文人木造型

造型前

修剪
将下部的枝叶剪去，拟改造为文人木造型。

造型后

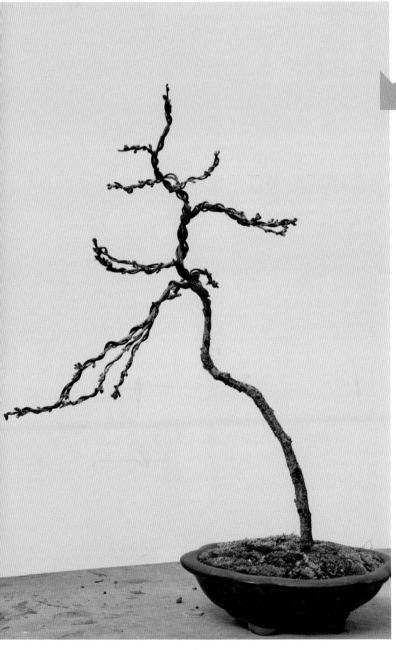

蟠扎
以自然生长的树木形态为蓝本，打造婀娜的树形曲线。

换盆
修整根部后移栽至与文人木造型相匹配的盆中。

观果盆景

　　毛樱桃在春季会开出与梅花相似的白色或桃色的五瓣小花，梅雨时节会结出与樱桃类似的圆形果实。果实成熟后呈红色，味道酸甜，常被制成果酱。毛樱桃常当作庭园植物或果树栽培，也常作为盆景制作的素材。

　　本树有着修长的树形，非常适合制成文人木造型的盆景。将树木的枝条减少，可使作品充满飘逸洒脱之感。

STEP 1 修剪

原树枝条多而杂，有头重脚轻之感。先修剪杂乱的枝条，再根据整体平衡感，将下部的侧枝全部剪去。

1 将植株从盆中取出，根据植株的造型，选择树干略微向左弯曲的角度作为正面。

2 根据整体树高与树势的平衡性，剪去多余的枝条。再将下部的枝条剪去，制造文人木飘逸洒脱的感觉。

STEP 2 蟠扎

自然界中的树木往往是高处的枝条较细，因此被风吹后会变弯，而下部树干的弯曲角度较小。根据这一特点，对植株进行蟠扎，再现在自然生长的树木形态。

2 将树干上非常显眼的3根侧枝作为探出枝，通过蟠扎将其下压。

1 一边蟠扎，一边调整枝条的数量与长度，制作树木的动感曲线。

大师技艺

探出枝是本作品的灵魂，其形态决定了植株整体的曲线走向。

将植株移栽至较浅的盆中，制造轻盈修长的视觉效果。在移栽前要剪去过长的根。

1 除去根部的旧土，并将根剪短，然后用水洗净。

2 剪去过粗的强势根，抑制植株的生长。

3 因为植株是左树势，故将其种植于盆的偏右位置。再用盆底预留的金属丝将根部牢牢固定。

4 填入种植专用土，用竹筷子将根部与盆间隙中的土捣实。

5 在盆面种植苔藓，增添自然风情。种植后用指腹轻轻按压，使其服帖。

造型后

日常管理 Q&A

Q 摆放在什么位置?

A 应摆放于光照及通风条件良好的位置。光照不足会影响植株结果。夏天要避免阳光直射与西晒。

Q 如何浇水?

A 盆面干燥时就要马上浇水。每次浇水宜浇透，要浇到有水从盆底孔流出为止。毛樱桃怕涝,应选择排水性较好的土壤,适当保持土壤湿度即可。

Q 如何施肥?

A 在 2~3 月及夏末施固体有机肥料。

Q 几年换盆1次?

A 2~3 年换盆 1 次, 宜在 2~3 月进行。

Q 要注意哪些病虫害?

A 毛樱桃易受介壳虫侵害, 如有发现, 要立即用刷子将其扫去。操作时注意不要伤害到树木。受害果实出现褐色病斑, 后扩及全果, 致使果实成为畸形果, 这是毛樱桃褐腐病的特征。应及时发现并摘除病果, 集中烧毁, 以减少传染。

春花园中国分园

　　春花园中国分园位于上海市崇明区。崇明岛是中国第三大岛，世界最大的河口堆积岛，有"上海后花园"之美誉。春花园中国分园由小林国雄亲自带领日本团队监督管理。园内精品盆景200余盆，四季花开锦绣，郁郁葱葱，古木春华，是江南地区颇具体量和质量的盆景园。

　　中国政府大力推动传统文化复兴，大力倡导工匠精神，盆景市场也随之壮大。地区特色苗木小镇的百亩、千亩幼小苗木供不应求，中高端日本盆景也占据了市场的重要地位，特别是日本顶尖盆景受到了中国大藏家们的热捧。利用山采老桩创作的特大型盆景，无论从树桩本身的品质，还是从后期的养护和创作都达到了很高水平，其作品具有非常高的艺术和经济价值，特别是特大型柏树盆景已经获得了巨大的成功。中青年的盆景从业者和爱好者依靠中国传统美术底蕴和先进养护创作技艺，较之15年前的盆景制作水平，已经有了翻天覆地的进步。未来中国的盆景必将惊艳世界。

小林国雄亲自带领日本团队管理

四季花开锦绣，古木春华

室内空间盆景展示

真柏盆景精品

小林国雄在崇明岛和杜鹃盆景收藏者合影

小林国雄上海徒弟陈怡在日本盆栽展览中获奖

扫二维码
观赏春花园中国分园

美男葛　陶翠长方形盆　50厘米

美男葛

秋季结出球形的硬果，成熟后颜色鲜红。长椭圆形的叶带有光泽，夏季开黄白色的花。

树　名	美男葛
别　名	日本南五味子
学　名	*Kadsura japonica*
分　类	木兰科南五味子属
树　形	斜干、模样木、悬崖、附石

盆景制作·养护·管理年历

1月	2月	3月	4月	5月	6月	7月	8月	9月	10月	11月	12月
		换盆									
		修剪		摘芽							
						施肥			施肥		

194

造型后

修剪
修整杂乱的枝条，突显树干的走向。

造型前

蟠扎
在原树优美的树干姿态的基础上，对植株进行蟠扎，制作清晰的枝干线条。

换盆
选择与果实色彩相配的花盆。

観果盆景

　　美男葛是种植历史悠久的一种藤蔓植物，在日本《万叶集》中有描写它的诗歌。秋季在枝条下方长出球状的聚合果，随着果实的成熟，其颜色逐渐由绿色变为鲜红色。在古代常用它的树皮榨取的汁液制作成头发定形胶，供武士使用，因此也被称作美男葛。

　　本树的树干姿态优美，根据秋天结果后的样子，改造其树形。

仔细观察植株，将其最美的一个角度定为正面，再将多余的枝叶除去，改造树形。

1 除去根部的旧土，确认根盘的形态及树干的走向，据此对树形进行初步构思。

2 将枯枝及破坏树势的枝条剪去。

本树的树干基部向左倾斜，所以将上部的树干蟠扎，并向左弯曲。因为美男葛是藤蔓植物，枝干柔软，所以蟠扎时可缠绕得更紧一些。

2 在蟠扎的同时，修剪多余的枝条。

1 根据枝条的粗细，选择合适的蟠扎丝，从第一枝开始按从下往上的顺序蟠扎。蟠扎时要注意纵向的层次感。

除去根部的旧土，修剪过长的根，然后移栽至与果实颜色相配的盆中。

1

除去旧土，并修剪根部，剪去过长、过浅的根。

让根部舒展的秘诀

为了让根部更加舒展，防止直根生长过长，可将瓦片垫在根部下方。

瓦片限制了直根向下生长，并使其向周围伸展。

造型后

2

种植时注意保留左侧的空间。用盆底预留的金属丝固定植株的根部，再填入种植专用土，最后用竹筷子将根部与盆之间的空隙捣实。

日常管理 Q&A

Q 摆放在什么位置？

A 应摆放在光照及通风条件良好的位置。美男葛在半日照条件下也可正常生长，但会影响结果的数量。

Q 如何浇水？

A 美男葛喜湿，盆面干燥时就要马上浇水。每次浇水宜浇透，要浇到有水从盆底孔流出为止。为了防止落花落果，在花期及果期要充分浇水，避免缺水。

Q 如何施肥？

A 美男葛喜肥，在生长期持续施肥可延长花期，但要及时剪掉生长过快的枝叶。

Q 几年换盆1次？

A 美男葛根部生长旺盛，容易发生根部盘结的情况，一般1~2年换盆1次，在每年3月份前后进行。

Q 要注意哪些病虫害？

A 注意预防叶蜱侵害，防治白粉病、煤污病、黑斑病等病害。

观果盆景

金豆　朱泥椭圆形盆　33厘米

金豆

枝头会结出小巧可爱的金黄色迷你橘子，这是新年期间最具人气的摆饰品。

树　名	金豆
别　名	山橘
学　名	*Fortunellahindsii*
分　类	芸香科金橘属
树　形	双干、斜干、模样木、配植

盆景制作·养护·管理年历

1月	2月	3月	4月	5月	6月	7月	8月	9月	10月	11月	12月
			换盆		蟠扎						
				修剪							
			施肥					施肥			

造型前

造型后

修剪
抑制植株的高度，使其侧枝
增粗，横向伸展。

　　金豆是金橘的一种，在日本江户时代由域外传入。夏季开白色小花，果实直径1厘米左右。果实最初呈绿色，秋冬季逐渐成熟并变为金黄色。

　　因其果实如同一颗颗黄金的豆子，故被称为"金豆"。其株型矮小，枝叶密集，是柑橘类植物中较易成型，且切口自愈性较好的一个品种，因此常被制作为代表喜庆的摆饰盆景。

STEP

1

修剪

本树的树干基部造型优美，可大胆下剪，将枝条剪短，突出树干的力量感。

❶ 将原本生长过高的顶部枝条剪去，并根据植株的整体平衡性，修剪其余的枝叶。

❷ 让树冠保持略微前倾，营造植株的气势。

! 小贴士

在切口处涂上愈合剂，制造自然的愈合疮痂。

造型后

日常管理 Q&A

Q 摆放在什么位置？

A 应摆放在光照及通风条件良好的位置。因金豆喜温暖环境，所以冬季须移至室内，避免发生霜害或冻害。

Q 如何浇水？

A 金豆喜湿，夏季与冬季都要预防缺水。春秋季每日浇水 1~2 次，夏季每日浇水 2~3 次，冬季 2~3 日浇水 1 次。

Q 如何施肥？

A 金豆喜肥，肥料不足会导致枝叶萎靡。要根据芽及叶片的生长状况调整施肥量。

Q 几年换盆1次？

A 一般 2~4 年换盆 1 次。换盆时在根的分支处下剪，减少根部的分支。根部生长旺盛说明植物状态良好。

Q 要注意哪些病虫害？

A 金豆常受凤蝶幼虫侵害，发现时应立即除去。

制作逆势弯曲的造型

枸子

叶片小巧且密集生长。尽管花不显眼，但成熟后鲜红的果实颇惹人注目。

枸子原产于中国，为高度1米左右的灌木。其分枝均向水平方向生长，因而得名"平枝"。有光泽的圆形小叶密集生长，初夏时节在叶腋处开出淡红色的花朵。枸子的花较小，且花瓣不会打开，因此不甚显眼。但秋季会结出如铃铛一般的红色果实，十分引人注目。

枸子常用于庭园种植，其植株较矮，果实小巧，因此也常被制作为盆景。枸子的生命力较强且结实性佳。

本树的特征为逆势弯曲的树干曲线。应根据整体树形平衡需要修剪枝叶，将其制作成有着小巧可爱叶片的微型盆景。

造型后

修剪
将多余的枝干剪去，突显树干走向。

造型前

换盆
修剪根部后栽植于新盆中。

蟠扎
根据植株的整体平衡性，修剪侧枝重塑树形。

观果盆景

结出鲜嫩的红色果实

树　名	枸子
别　名	铺地蜈蚣、小叶枸子、矮红子
学　名	*Cotoneaster horizontalis*
分　类	蔷薇科枸子属
树　形	斜干 、模样木 、悬崖

盆景制作·养护·管理年历

1月	2月	3月	4月	5月	6月	7月	8月	9月	10月	11月	12月
					蟠扎			换盆			
		修剪			修剪				修剪	摘果	
				施肥			施肥				

201

整理较细的分枝。根据树干向左、枝叶向右这一特点，对植株进行修剪。

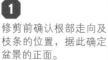

修剪前确认根部走向及枝条的位置，据此确定盆景的正面。

2 修剪杂乱的细枝，缩小树冠，打造小巧的微型盆景。

对修剪后的枝条进行蟠扎，塑造树形。根据植株的平衡性，在枝条上缠绕蟠扎丝，然后调整其形态。

1 根据预想的树形，按由下往上的顺序对侧枝进行蟠扎。要根据枝条的粗细选用合适的蟠扎丝。

2 在蟠扎过程及蟠扎完成后，随时确认植株的整体造型，将多余的枝剪去。

大胆对树冠部分进行修剪，随后修整整体造型，制作逆势弯曲的整体线条。

修剪及蟠扎完成后进行换盆。换盆时修剪盘结的根部，并用水洗净，然后将其种植于新盆中。

① 如果植株的根部盘结导致较难从盆中取出，可先用小刀沿着盆沿割一圈，将根部与盆壁分离。

② 填入种植专用土后，用竹签将根部与盆之间的土壤捣实，增强植株的稳定性。

③ 除去根盘周围的土，将根盘露出，随后在盆面种植苔藓，并用指腹轻轻按压固定。

造型后

日常管理 Q&A

Q 摆放在什么位置？

A 应摆放在光照及通风条件良好的位置。夏季须避免阳光直射及西晒。冬季将其移至屋檐下，并做好防冻措施。

Q 如何浇水？

A 浇水过多会导致烂根。盆面干燥时就要马上浇水。每次浇水宜浇透，要浇到有水从盆底孔流出为止。

Q 如何施肥？

A 只需在春季至初夏、秋季施固体有机肥，即可年年结果。

Q 几年换盆1次？

A 枸子的根部生长旺盛，容易造成根部盘结，一般每1~2年换盆1次。

Q 要注意哪些病虫害？

A 要注意预防蚜虫、叶蜱、介壳虫等害虫的侵害。在发新芽前喷施杀菌杀虫剂可有效预防蚜虫、叶蜱。如果发现介壳虫，应立即用刷子将其刷去。

观果盆景

面向世界的盆景文化

多年来，我常出国开展各种盆景推广活动，目的是通过盆景，将日本的文化与日本的园艺传播到世界的各个角落。

直到现在，我已经在30多个国家开展了1000场以上的演讲或技艺演示会。常常有国外的盆景爱好者以志愿者的身份拜入门下。我已在国外培养出盆景专业人员100余名。

在这些人中，有的是在参观春花园时，初次接触到盆景就被其魅力所感染。经过了数年的学习，归国后成为了在当地具有影响力的盆景艺术家。这些盆景艺术家创作出的作品又吸引了世界各地更多的盆景爱好者，他们对盆景文化的推广功不可没。

我一直致力于搭建盆景这一日本与世界交流的桥梁，为盆景文化的发展奉献自己的绵薄之力。

在意大利米兰的克雷斯彼盆景学校进行盆景制作演示

盆景无国界

盆景体验课程，让更多人能够接触到盆景，爱上盆景。

春花园 "七园训"

盆景文化远播海内外

· 源于心底对盆景的挚爱。
· 了如指掌地摸透树木的禀性。
· 无可挑剔的精湛技艺。
· 不断提高审美素养。
· 以勤为本，为善最乐。
· 事事皆好奇。
· 感恩怀德，不矜不伐。
　　　——园主小林国雄

盆景文化后继有人

日本盆景专用术语释义

- **几架**
  摆放盆景的桌子，也起着装饰作用，有箱形、椭圆形等多种形状。

- **力根**
  树木倾斜的方向对侧的根。

- **干肌理**
  树干表面的树皮纹理。粗犷的干肌理能表现出树木的古木感。

- **干筋**
  树干的走势与曲线。

- **干韵**
  树木独有的树干特性。

- **干模样**
  树干突显的曲线，是树形的基础。

- **土球**
  植物从盆中取出后，附着在根部的盆状土块。

- **大型盆景**
  树高60厘米以上的大型盆景。

- **小型盆景**
  树高20厘米以下的小型盆景。

- **天神枝**
  树顶部向上生长并枯朽呈白骨化的枝条。

- **切叶**
  树木生长期时切除叶的部分，可改善光照及通风状况。

- **切芽**
  将新芽切去，可促进第二轮新芽的萌发。

- **中型盆景**
  树高60厘米以下的中型盆景。

- **风吹**
  表现植物受到强风吹拂，枝叶均朝一个方向生长的姿态。

- **文人木**
  树干细长飘逸，展现飘逸洒脱的姿态。这是日本江户时代文人墨客追捧的盆景造型，并因此得名。

- **正面**
  盆景的观赏面，是盆景最具观赏价值的位置。应根据选定的树木正面，对树形进行制作。

- **古木**
  经过岁月洗礼的老树。

- **左树势**
  树干及枝叶倾斜向左生长。

- **右树势**
  树干及枝叶倾斜向右生长。

- **叶水**
  用喷雾器或洒水壶向植物的叶片洒水。

- **叶性**
  叶的颜色、形状、大小及长势。

- **一本多干**
  同一个根系中分生出多个树干的盆景造型。

- **主干**
  一本多干或连根树形中众多树干里最突出的树干，一般是最粗、最高或最具力量感的树干。

- **主木**
  配植盆景中主要的植物，一般为较高大的植物。

- **半日照**
  每天约有半日光照条件良好。夏季为避免西晒，可将植物摆放于半日照位置。

- **幼树**
  还未显露出树种特性的树苗。

- **托出枝**
  探出枝的一种，是横向伸出的长枝条。树干的粗细与托出枝的粗细、树高与托出枝的长度要有一定比例。一般将第一枝、第二枝作为托出枝。

- 老叶

  残留在树上一年以上的叶片。

- 有机肥料

  由豆粕、鱼粉及鸡粪等植物性或动物性的有机物作为原料制成的肥料。

- 吸水线

  某些树木特有的，树皮处上下走向的平行线条，表现出树木的生命力。

- 大肥

  给树木施加的肥料较多。

- 芦苇帘

  用芦苇制成的帘子，一般挂于日本和式建筑的门前。

- 忌枝

  扰乱树形，需要除去的枝条。

- 附石

  利用腐殖土，将植物种植在天然石头上的一种盆景造型。

- 直干

  树干从根部开始笔直向上生长的树形。

- 枝形

  侧枝的形态。越往上，侧枝的上下间隔越短，枝形就应更细更短。

- 枝冠

  某一侧枝的枝条与叶片的集合体。造型优美的枝冠可营造出立体感。

- 轮枝

  如同轮轴一般呈辐射状生长的数个枝条，是忌枝的一种。

- 固体肥料

  盆面放置的固体肥料，分为缓释型有机肥料与速效性化学肥料。

- 舍利干

  枯朽且呈白骨化状态的树干。

- 浅根

  伸出盆面或在土中较浅处生长的根。

- 帚立

  树形像倒立的扫帚一般，树冠呈半球状。

- 限芽

  切芽后生出的3个以上新芽，将其减少至2个。

- 树干基部

  从树木的根部开始一直到第一枝位置的这段树干。盆景最重视根盘到树干基部的造型。

- 树形

  树枝的形态、位置及其组成的基本状态。

- 树顶

  盆景顶部枝叶的集合体。

- 树冠

  盆景中树枝与叶形成的树木顶部造型。

- 背枝

  向树木背面生长的枝条，可展现立体感。

- 弯曲

  树干与枝条的弯曲。一般用蟠扎的方法制造树干与枝条的弯曲。

- 神枝（→P60~61）

  枯朽且呈白骨化状态的枝条。

- 除老叶

  为改善光照及通风状况，将老叶除去。

- 根盘

  盆土表面露出的根系，能让盆景具有稳定感。其造型也十分具有观赏性。

- 配盆

  根据植物的造型及特性，为植物选择合适的花盆。

- 缺水

  盆内土壤中的水分不足。缺水会导致叶片萎靡且尖端枯萎。

- **徒长枝**

  长势强劲的新枝，会消耗大量养分影响花芽的数量，或扰乱树形。一般将其剪去。

- **徒长根**

  又粗又长且长势强劲的根。根与枝叶一样要追求平衡效果，一般在换盆时将其切除。

- **烧叶**

  夏季的烈日或西晒阳光将叶片与枝条灼伤，叶片尖部一般呈枯萎状态。

- **浮根**

  向上方生长的根。

- **探出枝**

  整棵树木上最令人印象深刻、气场最强大的侧枝。一般是整个作品的灵魂。

- **基肥**

  植物植入盆前，与底土混合的肥料。

- **悬崖**

  树干与枝条弯曲至盆底之下的造型，表现在断崖绝壁上生长的树木。

- **第一枝**

  从基部开始向上数的第一枝侧枝。再往上数以此类推为第二枝、第三枝。也可根据左右方向称作"左第一枝""右第一枝"等。

- **剪叶**

  将叶片的部分剪去，仅留下叶柄。剪叶可增加细枝的数量，且可让新生的叶片小型化。

- **液肥**

  将化学肥料加水溶解后形成的液体肥料。与固体肥料相比，具有快速见效的特点。

- **寒枝**

  冬季树叶凋零仅留下树枝的树木造型。

- **疏叶**

  修剪过于茂密的叶片，让叶片之间具有一定间距，可改善光照与通风状况。

- **缓释肥**

  随着浇水或雨水的浸润而缓慢溶解，施放肥力。其特点是肥效期较长。一般放置于盆面。

- **微型盆景**

  树高在10厘米以下的迷你盆景。

- **愈合组织**

  为使树皮上的切口愈合，切口周围的树皮不断膨大，最终将切口堵住形成的组织。在切口处涂抹愈合剂可抑制愈合组织膨大。

- **摘芽**

  将新芽摘除，限制树木的长势与高度。

- **模样木**

  盆景树形，展现树干向各个方向弯曲的曲线造型。

- **整叶**

  一般用于松柏盆景，制造出细枝及繁荣茂密的叶。

- **蘖**

  指植物由根部生出的新芽。

- **露根**

  原本生长在地下的根系露出地面，木质化后形成如同树干一般的形态。

梦幻春花园

与盆景相处，与自然共存（松柏）

生死轮回（日本紫杉舍利干）

你是盆景，盆景是你（野梅）

一花一世界，一叶一菩提，世界万物共存共荣，
无一例外（寒绯樱）

同享春光（野梅）

大海来自每一滴水，细根维持千年生命（真柏）

月光与龙共舞（真柏）

古树透露着大佛慈悲的韵味（野梅）

黑暗雕刻盆树的生命（黑松）

一切的艺术都是无穷无尽的（野梅）